穿越宇宙，奔向地球

电磁波的故事就此开启——

百科经典科普阅读丛书

看不见的电磁波

甘本祓 著

中国大百科全书出版社

图书在版编目（CIP）数据

看不见的电磁波 / 甘本祓著. --北京：中国大百科
全书出版社，2020.9
　　ISBN 978-7-5202-0831-4

　　Ⅰ. ①看…Ⅱ. ①甘…Ⅲ. ①电磁波－普及读物
Ⅳ.①O441.4-49

　　中国版本图书馆CIP数据核字（2020）第173785号

出　版　人：刘祚臣
责任编辑：程忆涵
封面设计：吾然设计工作室
责任印制：邹景峰
出版发行：中国大百科全书出版社
地　　　址：北京市西城区阜成门北大街17号　　邮编：100037
网　　　址：http://www.ecph.com.cn　　电话：010-88390718
图文制作：鑫联必升文化发展有限公司
印　　刷：北京九天鸿程印刷有限责任公司
字　　数：100千字
印　　张：6
开　　本：889毫米×1194毫米　1/24
版　　次：2020年10月第1版
印　　次：2024年3月第2次印刷
书　　号：978-7-5202-0831-4
定　　价：48.00元

丛书序

科技发展日新月异，"信息爆炸"已经成为社会常态。

在这个每天都涌现海量信息、时刻充满发展与变化的世界里，孩子们需要掌握的知识似乎越来越多。这其中科学技术知识的重要性是毋庸置疑的。奉献一套系统而通彻的科普作品，帮助更多青少年把握科技的脉搏、深度理解和认识这个世界，最终收获智识成长的喜悦，是"百科经典科普阅读"丛书的初心。

科学知识看起来繁杂艰深，却总是围绕基本的规律展开；"九层之台，起于累土"，看起来宛如魔法的现代科技，也并不是一蹴而就。只要能够追根溯源，理清脉络，掌握这些科技知识就会变得轻松很多。在弄清科学技术的"成长史"之后，再与现实中的各种新技术、新名词相遇，你不会再感到迷茫，反而会收获"他乡遇故知"的喜悦。

丛书的第一辑即将与年轻读者们见面。其中收录的作品聚焦于数学、物理、化学三个基础学科，它们的作者都曾在各自的学科领域影响了一整个时代有志于科技发展的青少年：谈祥柏从事数学科普创作五十余载、被誉为"中国数学科普三驾马车"之一；甘本祓创作了引领众多青少年投身无线电事业的《生活在电波之中》；北京大学化学与分子工程学院培养了中国最早一批优秀化学专业人才……他们带着自己对科技发展的清晰认知与对青少年的殷切希望写下这些文字，或幽默可爱，或简洁晓畅，将一幅幅清晰的科学发展脉络图徐徐铺展在读者眼前。相信在阅读了这些名家经典之后，广阔世界从此在你眼中将变得不同：诗歌里蕴藏着奇妙的数学算式；空气中看不见的电波载着信号来回奔流不息；元素不再只是符号，而是有着不同面孔的精灵，时刻上演着"爱恨情仇"……

"百科经典科普阅读"丛书既是一套可以把厚重的科学知识体系讲"薄"的"科普小书"，又是一套随着读者年龄增长，会越读越厚的"大家之言"。它简洁明快，直白易懂，三言两语就能带你进入仿佛可视可触的科学世界；同时它由中国乃至世界上最优秀的一批科普作者擎灯，引领你不再局限于课本之中，而是到现实中去，到故事中去，重新认识科学，用理智而又浪漫的视角认识世界。

愿我们的青少年读者在阅读中获得启迪，也期待更多的优秀科普作家和经典科普作品加入到丛书中来。

中国大百科全书出版社

2020 年 8 月

作者序

信息社会乃至智能社会，说穿了就是以电磁波为载体的社会。人们玩手机、用电脑、看电视、上网，说到底就是在操纵电磁波，却往往"不识庐山真面目，只缘身在此山中"。

本书将为你揭开电磁波的庐山真面目。

《看不见的电磁波》是以信息社会为背景，讲述的是电磁波的基本属性，及其五彩斑斓的表现形式，告诉你有关电磁波的、天天发生在你的周遭，而又不太被人知晓或知而不觉的那些趣事奇闻。

在本书中，要向读者介绍"开天辟地"以来，我们周围早已存在的、自然界"天生"的电磁波。

为什么称之为"趣事奇闻"呢？因为，我们人类在地球这个蔚蓝色的家园上，繁衍生息这么多年，可曾感觉有电磁波包围着你？可曾意识到你的身体也在辐射电磁波？可曾知道有多少电磁波来自太空？又有多少电磁波发射自地球上的万物？

事实上，关于它们，人类是经过了千年的探索、百年的钻研，才逐渐"认识"了它们，而且直到如今才可以说基本上（远远不是全部）摸清了它们的面貌。但是，即使在目前掌握的知识中，也还有不少问题，仍在争论之中，有待进一步探索。

本书就是要讲讲这方面的知识，使读者了解在自己的周围还有这么多"奇奇怪怪"的、"天生"的电磁波，而关于它们，又有那么多生动有趣的故事……

电磁波之风，正吹鼓智能社会的帆。努力吧，热爱科学的孩子们！用最大的努力去认识和探索我们的家园，了解和驾驭电磁波，创造一个更为美好的明天！

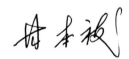

目　录

太阳：巨大的电磁波辐射源

大气：奇妙的电磁波调控层

地球：电磁波装扮起来的家园

地球：辐射着电磁波的家园

卫星：用电磁波巡视地球

引子

欲知本书所述事，请君听一首——《电磁波之歌》。

来自太阳，来自星际
带来太阳光和热
带来宇宙的信息

发自万物，发自人体
为万物制定标识
为人体增添印记

与天同生，与地同庚
亿万年驰骋宇宙
两千年涉足人寰

陪伴着我，追随着你
百余年获得再生
到如今风光盖世

如影随形，不舍不弃
是新世纪的精灵
是现代化的伴侣

本书术语解释

电 磁 波：在空间传播的周期性变化的电磁场。无线电波、红外线、
可见光、紫外线、X 射线、伽马射线等都是波长不同的
电磁波。有时特指无线电波。

无线电波：无线电技术中使用的电磁波，波长从 0.1 毫米到 100 兆
米以上。可分为长波、中波、短波、微波等。

电　　波：指无线电波。

太阳……巨大的电磁波辐射源

笔记栏

电磁波家族

"迟日江山丽，春风花草香。"

诗人杜甫的神来之笔，道出了一个纯朴的真理：那秀丽的江山，那和煦的春风，那花草的香气，都得益自一个源泉，那就是有灿烂的阳光普照大地。有了阳光，才显出了山河的错落有致，婀娜多姿；有了阳光，才有花草的光合作用，让清香四溢。多美的诗情画意。

阳光是什么？就是太阳辐射的电磁波。

电磁波是一个热闹的大家族。根据波长（或频率）的不同，他们按序排列着：伽马射线、X射线、紫外线、可见光、红外线、无线电波，组成一个完整的"电磁波谱"。在本书中我们经常要用到它，下面列出一张表，从该表可以看出它们是何等壮观。实际上，这不仅仅是一张表，它是一个取之不尽的宝藏，一个运载人类去同宇宙文明接轨的方舟。

细读该表，可以看出，为了更深入地研究它们，使之更好地为人类服务，科学家对它们进行了更细的划分。例如，将可见光分成红、橙、黄、绿、青、蓝、紫光；红外线和紫外线也可根据离可见光的远近做进一步划分，红外线又细分为近红外、中红外、远红外、超远红外线，紫外线又细分为近紫外、中紫外、远紫外、超远紫外线；无线电波还可分为至长波、极长波、超长波、特长波、甚长波、长波、中波、短波、微波，甚至更细地分下去，如微波再分成米波、分米波、厘米波、毫米波、丝米波，等等。

电磁波谱表

波段名称		波 长	频 率
伽马射线		0.001~0.1 纳米（nm）	
X 射线		0.1~10 纳米	
紫外线	超远紫外线	10~200 纳米	
	远紫外线	200~280 纳米	
	中紫外线	280~320 纳米	
	近紫外线	320~390 纳米	
可见光	紫光	3900~4350 埃（Å）	频率＝光速/波长
	蓝光	4350~4550 埃	
	青光	4550~4920 埃	
	绿光	4920~5770 埃	
	黄光	5770~5970 埃	
	橙光	5970~6220 埃	
	红光	6220~7700 埃	
红外线	近红外线	0.77~3 微米（μm）	
	中红外线	3~6 微米	
	远红外线	6~15 微米	
	超远红外线	15~100 微米	
无线电波	微波	丝米波	1~10 丝米（dmm）	至高频 300~3000 吉赫（GHz）
		毫米波	1~10 毫米（mm）	极高频 30~300 吉赫
		厘米波	1~10 厘米（cm）	超高频 3~30 吉赫
		分米波	1~10 分米（dm）	特高频 300~3000 兆赫（MHz）
		米波	1~10 米（m）	甚高频 30~300 兆赫
	短波	10~100 米	高频 3~30 兆赫
	中波	100~1000 米	中频 300~3000 千赫（kHz）
	长波	1~10 千米（km）	低频 30~300 千赫
	甚长波	10~100 千米	甚低频 3~30 千赫
	特长波	100~1000 千米	特低频 300~3000 赫（Hz）
	超长波	1~10 兆米（Mm）	超低频 30~300 赫
	极长波	10~100 兆米	极低频 3~30 赫
	至长波	100 兆米以上	至低频 3 赫以下

在划分时，由于在波谱中它们都是彼此衔接的，因此，在两种波交界处并不是一刀切，致使从事不同学科研究的人，各有侧重，边缘常有重叠。例如搞红外技术的说：红外线的波长范围是从 0.76~1000 微米。可是，搞光学的说：0.76~0.77 微米（即 7600~7700 埃）这段应划入红光波段之中。而搞微波技术的则说：1~10 丝米（即 0.1~1 毫米）是微波的丝米波段，或称亚毫米波波段。在有的资料中，还把比伽马射线更短的波叫宇宙射线（但通常都不加这个极端，故在本表中也未列出）。这就是在不同的书中，你常常会发现电磁波谱每段数字常有些微出入的原因。总之不管怎么分，其本质是不变的。当具体分析其性能特点时，都是以本身的波长（频率）为依据。所以，你始终记住：它们都是电磁波家族的一员、脾气各异、身材不同、各有所能、妙用无穷。

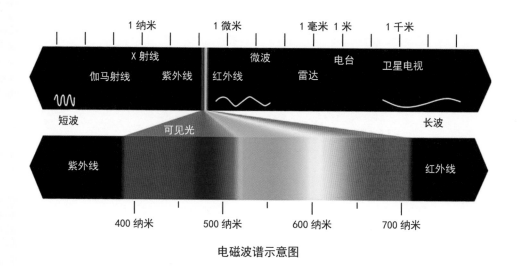

电磁波谱示意图

为了方便记忆，我编了一个口诀：

> 电磁波家一长串，段段能把奇迹现。
> 伽马射线排最末，老大就是无线电。
> 窄窄一段可见光，其他全都看不见。
> 紫外红外站两边，头上顶着两射线。
> 若要领先科技界，全部都得去攻占。

　　读着那张表、看着这幅图，电磁波家族的脉络就清晰地呈现在我们的面前。在这里，仅仅用了一个物理量——波长（或者频率），就把它们分得清清楚楚了。既简单，又深奥！可是它们的得来却十分不易，是众多的科学家经过长期地观察、实验、研究、分析和演算之后，才总结出来的。

太阳不停地辐射电磁波

为什么说太阳是巨大的电磁波辐射源呢？

原来，那一轮红日，并不是一个固体，而是一团炙热的气体，表面温度约6000℃，向内递增，球心可达15000000℃。在这样超高的温度下，当然太阳只能是个气体球，而且基本上是个氢气球，氢则是一切元素中最轻的。（想想看，你平常玩的、节日里飘上蓝天的彩色气球，也是充氢气的气球，有趣吧！）但你可千万别产生错觉：太阳很轻。其实太阳的质量是地球的30多万倍。特别是在核心处，由于压力非常之高，从而密度也非常之大，约为每立方厘米160克，比铅还重十多倍！（铅的密度约为每立方厘米11.3克）

在这样的超高温度、超高密度、超高压力下，太阳核心在不停地进行着热核反应（核聚变）。形象地说，就是一个个氢弹在那里不停地爆炸！多么壮烈，多么可怕！在那里，热核反应的实质，就是氢原子核聚变为氦原子核，而放出大量的能量。这能量大到令人难以想象的程度。据估算，每秒钟大约释放出相当于9万多亿吨TNT爆炸释放的能量。知道吗，1945年美国投到广岛的原子弹，爆炸威力相当于2万吨TNT爆炸释放的能量。比较一下，前者是后者的4亿5千万倍。也就是说相当于每秒钟就释放了4亿5千万个投在广岛的原子弹爆炸的能量！注意，这还只是一秒钟！那么，一分钟、一小时、一天、一月、一年……长年累月，那可怕的太阳、可敬的太阳，就这么不停地爆炸着，燃烧着自己，"无私地"释放着巨大的能量。

这些能量哪里去了？由核心向外传送，把包裹着它的一层层物质烧得"滚烫"。天文学家说，太阳由里向外由核心、辐射层、对流层、光球层、色球层、日冕层构成。日心至光球层边沿的半径约为 70 万千米。光球层之下称为太阳内部，光球层之上称为太阳大气。太阳的能量就这样一层层向外传送。除了保证"内需"，剩下的通通洒向宇宙空间，当然也会洒向我们人类繁衍生息的地球。

请问："分给我们的能量有多少？"

大约是它辐射到整个宇宙空间的 22 亿分之一。

你会会说："哎呀，怎么就这么一丁点儿？！"

可别嫌少，算一算再说。根据卫星仪器长期实测表明，在日地平均距离处，在垂直于太阳射线的单位面积上，在每单位时间内，太阳辐射的全波谱总能量基本上变化不大，故称其为"太阳常数"。其数值约为每平方厘米每秒钟 0.137 焦耳。若将此太阳常数，乘上以日地平均距离作为半径所得的球面面积，就得出：太阳在每秒钟内辐射出的总能量约为 $3.788×10^{26}$ 焦耳。这个数值你会觉得很不形象。那就做一个形象一点的比喻：太阳每秒钟辐射到太空的能量如果全部转换为热量，大致相当于 1 亿亿吨标准煤在完全燃烧后产生的热量的总和。它的 22 亿分之一，就差不多相当于 500 万吨煤，那么 1 小时就相当于 180 亿吨煤。现在人类每年从地下开采出来的矿物原料，如果都折合为标准煤的话，大概就差不多是 1 百亿吨。看看，如果真能用上的话，大约半个小时的太阳向地球的辐射，就已经够我们一年之需了！而且还是源源不断、免费地供应着。可惜到目前为止，我们还是绝大部分未加利用，浪费掉了。看来真得加油呵！

讲到这里，你可能会问："介绍电磁波知识的文章，讲这么多能源问题干什么？走题了！"

哈哈，我讲的就是正题：太阳的能量以什么形式辐射？电磁波的形式！一句话，太阳辐射就是电磁辐射！它覆盖了从无线电波到伽马射线整个电磁波谱。

太阳与地球的距离大约是 150000000 千米，电磁波在宇宙空间传播的速度是 30 万千米每秒，所以，由太阳射向地球的电磁波大概 8 分多钟就可到达地球。

那么，经过这"亿里迢迢"的征途之后，真正到达我们地球大气层上边界的电磁波大小如何，成分怎样呢？科学家们做了长期的观察测量、分析研究，虽然还有不少问题有待进一步探讨，但基本状况应该说已经查明。大致情况是：两头小中间大。具体说来，可分为三大部分。

第一部分：波长小于 0.4 微米，约占 7%，其中主要偏重于紫外线波段。而 X 射线的比例甚微，伽马射线更是稀少。

第二部分：波长介于 0.4~0.76 微米之间，约占 50%，这就是可见光波段。幸好我们人类长了一双对可见光敏感的眼睛。否则，这阳光照耀的大千世界，我们就无福消受了。

第三部分：波长大于 0.76 微米，约占 43%，其中主要偏重于红外线波段。它给地球带来了温暖。无线电波段的比例不大，其中以微波波段居多，它们来到地球就表现为射电噪声，再与其他星球来的射电噪声以及雷电噪声合在一起成为"天电噪声"。

更进一步的研究指出：到达地球大气层上边界处的太阳辐射，在一般情况下，99% 以上是波长在 0.15~4.0 微米之间的电磁波，而最大的辐射是在 0.475 微米处。相对于地面和大气辐射波长（约为 3~100 微米，最大辐射约在 10 微米处，后面还会讲到）而言太阳辐射波长较短，故习惯上人们常把太阳辐射称为"短波辐射"，而把地面和大气辐射称为"长波辐射"（注意不要与无线电波段中的"长波""短波"搞混了）。这时，你可能会问："难道太阳辐射就这么恒定不变吗？"

当然不是！这只是个平均的、统计的说法。事实上，太阳辐射到地球的电磁波，不仅波长的成分会变，而且其强弱程度也在不断变化，有时甚至变化很激烈。下面就来讲这个问题。

太阳辐射的电磁波在变

关于太阳辐射变化的原因，则不外乎两个方面：一个是太阳本身状况的变化；另一个是太阳与地球相对关系的变化。

太阳辐射随太阳与地球相对关系的变化，这个问题听起来好像很复杂，说起来却很简单。只要问你几个问题，你就自然可以想通了。

请问：夏天热还是冬天热？白天热还是晚上热？为什么赤道热、极地冷？为什么要分热带、温带和寒带？少年朋友，明白了吗？太阳在变，地球在转（既自转又公转）。归纳起来一句话：太阳辐射到地球的电磁波还决定于日地距离、照射角度和白昼长短。

至于说到太阳本身状况的变化，那就比较复杂了。你想想，那日夜不停的"氢弹爆炸"，能够"规规矩矩"吗？何况没有人，也没有仪器进得去（也不敢进去），甚至没有走近点去观察，只是间接地、远距离地观察、研究。所以，对于它本身到底有多少变化、怎样在变？至今还没有人说得清楚。不过，学者们还是有不少心得，这里，挑一些来说说。

学者们发现：太阳本身变化有时激烈、有时缓和，具有一定的周期性，周期大致是 11 年，即两个激烈的年份间（或两个缓和的年份间）的间隔约 11 年。人们把激烈的年份称为"太阳活动高峰年"；缓和的年份称为"太阳活动宁静年"。高峰年和宁静年之间平均约隔 5 年多。根据观测，1755 年是一个太阳活动高峰年，国际上商定以该年为"第一个"活动周期的起始年。（注意，不是说从那一年起太阳才开始有激烈变化，这种变化已存在数亿年了，中国两千多年前早有记载。只不过国际上选该年作为有规律的、连续记载的起始点而已）上一个太阳活动高峰年是 2012 年，下一次大概是 2023 年（当然还有待观察）。

笔记栏

太阳活动激烈有什么典型现象呢？

对来到地球的辐射影响最大的（也是人类研究较多的）是一"暗"、一"明"。

"暗"的现象，学术上称为"太阳黑子"。就是说看上去太阳表面出现黑色的斑点。注意：这个"点"是从远隔 150000000 千米的地球看去是一个"点"，实际在太阳上它可是直径在十万千米以上的一大片。那"黑色"，也是因为那里的温度比周围要低一两千度，看上去暗一些，并不真正是黑的，实际温度也是有四五千度。太阳黑子常常成队或成群地出现，时多时少，规律与太阳活动周期一致，也是 11 年。即太阳活动高峰年也就是太阳黑子较多的年份。

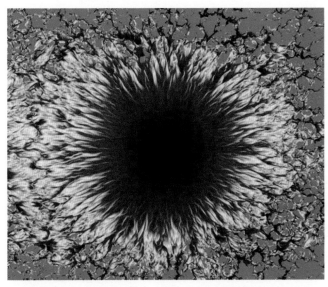

电脑合成的太阳黑子照片。来源：美国航空航天局（NASA）

学者们认为，太阳黑子是太阳表面炙热气体的巨大漩涡，漩涡中心凹陷处，直径也有几百千米。巨大的旋风向地球上的龙卷风那样，把大量的带电粒子向外喷射，人们说是黑子爆发。当然，其猛烈程度远非龙卷风可比，比地球上巨大的火山爆发还要大上亿万倍！于是太阳向地球的辐射，也随太阳黑子多寡而呈有规则的变化。

"明"的现象，学术上称为"太阳耀斑"。就是说看上去太阳表面突然出现闪亮的光斑。它不像太阳黑子那么有规律，是一种突发现象，却常有发生。持续时间不长，短到几分钟，长到几十分钟。时间虽短，却威力巨大。那一闪之间释放相当于上亿颗原子弹爆炸的能量。这时，太阳电磁波抵达地球各波段的辐射都会有不同程度的增加，特别是紫外线、X 射线，甚至还会产生伽马射线和喷发出高能带电粒子形成太阳风暴。

太阳风是什么？在地球上我们知道：空气流动即形成风。太阳既然是个气球，它的气体当然也会流动，而且是高速流动，它所刮起的"风"就不像地球上那么"温柔"了。在地球上，每秒三十几米就已经是 12 级台风了。而太阳风却比它猛烈万倍，弱则每秒三四百千米，强则可达每秒八九百千米。成分主要是氢和氦的带电粒子流。密度倒不大，在地球附近，每立方厘米不过几个到几十个粒子（而地球上风的密度大约每立方厘米几千亿亿个分子）。但那样高的速度，使它们像是射出的"子弹"一样！平时，它们这样"吹"着，到达地球后，受地磁场的作用，只是在地球"门口"转转，也就罢了。可是，当太阳风暴（就算是太阳的台风）刮起时，粒子数增多，风速也更猛。这会引起地磁场剧烈变化，使一些"漏网"的带电粒子撞进地球大气内层来捣乱。为了掌握太阳电磁波的变化情况，世界各国建立了许多观测站，进行长期有系统的观测，如今已可进行有效的预报了。

至于太阳电磁波的这些规则和不规则的变化，会给地球带来什么样的影响，我们在后面还会谈到。

到此为止，你可能会问："不是说太阳电磁波是全电磁波谱的辐射吗？怎么说来说去就是一明一暗、极短波长的可见光辐射呢？"

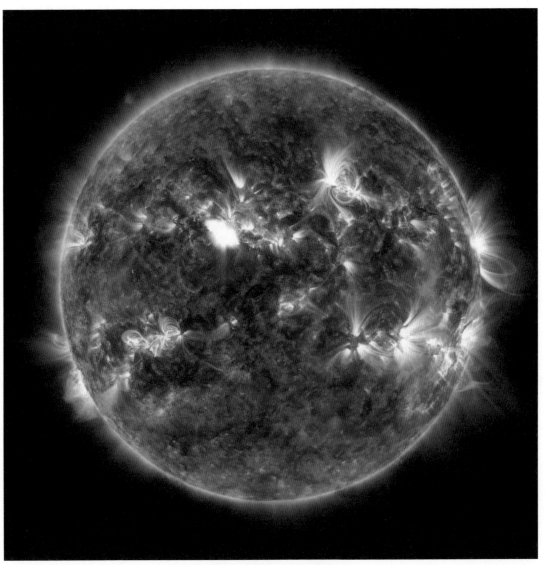

经过色彩处理的太阳耀斑照片

问得好！让我们来回答这个问题。地球大气层开了两个天窗："光学天窗"和"射电天窗"。《生活在电波之中》讲了光学天窗的一些情况，下面就来介绍一下太阳射电辐射的情况。

太阳，这个我们成年累月围着它转的天体，除了将它的光和热洒向人间之外，还给我们发来许多无线电波，告诉我们它的状况，与我们"畅述衷肠"。

早在 20 世纪 40 年代，人们就已注意到太阳的射电辐射，后来随着射电望远镜的日益精密和射电天文学的蓬勃发展，对太阳射电的了解也日益清晰。人们发现：在整个射电窗口，都满布着太阳射电，即从毫米波、厘米波到分米波、米波，有时甚至在更长波段上都能观测到太阳电磁波，而且强度变化很大。学者们把它们归纳为三个部分：第一部分叫"宁静太阳射电"，它的强度常年基本不变；第二部分叫"缓变太阳射电"，它与太阳黑子关系比较密切，而且变化周期大约与太阳的自转周期相同，呈 27 天的周期扰动；第三部分叫"太阳射电爆发"，它是太阳活动剧烈时，特别是太阳耀斑、太阳风暴出现时，产生的强大太阳射电，而且频谱也比平常宽许多。对太阳射电的研究为我们更深入地了解太阳的各层结构、物理过程以及太阳与地球的关系，开辟了更为广阔的天地。

在这里，我们还要特别提一下对宇宙背景辐射的研究。学者发现：在地球以外的宇宙空间始终存在一个 7.35 厘米的微波辐射。这是 20 世纪 60 年代天文学最重大的发现。为此，美国学者威尔逊和彭齐亚斯还荣获 1978 年诺贝尔物理学奖。

于是，太阳电磁波来了。带着太阳的巨大能量，带着它的"温柔"和"暴烈"，带着它的万千信息，带着对人类的挑战和期望，金光四射地来到了地球面前。可是，我们地球准备好了吗？受得了它那过分热情、全电磁波谱的倾泻吗？

大气……奇妙的电磁波调控层

地球的"气毯"

来吧，我们准备好了！

地球已经在"身上"裹了一层厚厚的气毯。

这"气毯"是什么？

就是与我们朝夕相伴、一刻也离不开的，包围在地球上空并且随着地球一起旋转的一个气体层，人们通常叫它"空气层"（即空中的气体）。

这个"空气"，对于地球真是太重要了，可以毫不过分地说："没有空气，就没有地球上的一切！"所以，学者们说："我们应当尊称它为'大气'（即伟大的气体）！"

为什么这样说呢？

第一，如果空气消失了，你不能呼吸……天啦，那将多么可怕！同样，地球上的一切生物也都需要空气，才能维持生命。所以，这真是一个伟大的"气"。

第二，声波是靠压缩空气形成的疏密波来传播。如果没有这个伟大的"气"作为媒介，声波就不能传播，我们将什么声音也听不见。

第三，下面即将讲到，光波是靠大气以及万物对光线的反射、散射等各种作用才传到人的眼中，如果没有大气，你将什么都看不到。

第四，正是大气以适当的气压，挡住了水分的"逃逸"，为人类和万物保住了可贵的水。试想想：如果没有大气，强烈的阳光让水分蒸发，而水汽又毫无阻挡地向太空飘去，地球上还会留下什么？

第五，在晴朗的夜空，你一定见过流星划过长空，拖着一条长长的亮尾巴。那就是流星冲进大气层中，因与大气摩擦而燃烧的景象。小的流星就烧蚀在大气中，大的未烧尽，落到地面就叫"陨石"。你别以为这是稀有的现象，天文学家估计，每天堕入大气层的流星约有几十亿个，只是你没有看到罢了，它们基本上都在到达地球之前就烧尽了。试想想，如果没有大气层，这么多流星像"宇宙子弹"一样射到地球上，还有什么生物能幸免于难？

第六，大气的存在，对地球起到调温和保温的作用。"调温"是指地球表面不会有剧烈的昼夜温差。否则白天太阳直射地面温度会很高，夜间没有太阳地面温度又会很低。以月球为例，由于没有大气层，月面向阳时温度高达127摄氏度，背阳时又降至－183摄氏度，高达310度的昼夜温差下还有什么生命能够存在！"保温"是指大气吸收地面的辐射，像一个温室的"玻璃顶"一样，学者称之为"温室效应"（关于"温室效应"后面还会介绍），从而让人类和地球上的一切生物有一个合适的温度环境。

第七，这将是本章要重点介绍的，就是地球依靠这"伟大之气"缓冲太阳辐射的冲击、选择地球需要的辐射成分、分配丰富的辐射能量、保护人类和其他生物的安全。平常，我们只注意到它在"保证内需"，维持地球上的生命活动，而且参与地球表面的各种物理和化学过程。却没有留意它还在上方为我们"控制进口"，防止不受欢迎的辐射进入，迎接太阳的恩赐，施惠人间。

总之，如果没有大气这个宝贝，地球将是个像月球那样没有生命、一片静寂的星体！当然也没有我和你。

这时，少年朋友说："既然是个宝，那就快介绍。"

好吧，让我们先来看看这个宝贵的"气毯"的情况。

从太空俯瞰地球大气

电磁波描绘着大气层

在地球的引力作用下，大量气体聚集到地球的周围，形成了包围地球的厚厚的大气层。它的成分主要是氮和氧，其中氮约 78%，氧约 21%，其他还有二氧化碳、臭氧、氩、氦、氖、氢等。这些气体在大约 85 千米高度以下是均匀混合的，组成比例不随高度变化，称为"均质层"；在 110 千米高度以上，称为"非均质层"，这里各种气体就逐渐按分子量、原子量的轻重分开了，轻的向上，而且先是分子，往上是原子，再往上就是原子分裂后的更小的粒子了；高度在 85~110 千米之间为过渡区。

此外大气中还有水汽（包括水滴和冰晶）、宇宙尘埃以及其他自然和人类活动造成的悬浮微粒，包括火山喷发物、工矿的粉尘、燃烧的烟雾、交通车辆尾气排放物、尘埃、细菌等微生物、植物的孢籽花粉、海水蒸发产生的盐粒等，统称为"气溶胶"，颗粒大小通常在 0.01~30 微米之间，一般飘浮在高度 5 千米以下的大气中。

没有悬浮物和水汽的大气，称为"干洁大气"。它是大气的主体，平均约占低层大气体积的 99.97%。

学者们把单位面积上承受的压力，称为"压力强度"。那么，空气对其下物体的压力强度如何衡量呢？它应该等于从物体表面一直向高空延伸上去，单位面积上那部分垂直的大气柱的重量。实测表明，地球表面平均大气压力强度为每平方厘米 1034 克，或者说等于 760 毫米汞柱，学者们称其为一个"标准大气压"。用这个值乘上地球的总面积，就可以得出整个大气层的质量了。地球表面积约为 5.11 亿平方千米，于是可得大气总质量约为 5300 万亿吨。听起来相当不少吧？不过，同地球的总质量比起来，它只不过占百万分之一而已。

根据测量，大气密度和大气压力均随高度按指数衰减，越远离地球数值越小。大约 90% 质量的大气集中在 16 千米以下的高度，3 千米以下就占了 30%，32 千米以上已不到 1%。但究竟多远大气就没有了呢？经测量表明，在几万千米的高空，也还有大气存在，不过已稀薄得比我们在地球表面抽出的真空还要"真空"了。

古代的哲学家们也真有意思，把明明有大气的天称为"空"，把更高的天（宇宙）称为"太空"，就是说比"空"还要"空"。把弥漫天上的大气称为"空气"，空中之气体也。把没有大气之处称为"真空"，等于又承认了他们说的那个"空"是"假空"了。如此费劲地使用下来，让如今的人也难于改口。你看有多麻烦。

有人辩解说："说它们'空'，是因为看不见。"

可是，不是也有人放声高唱"蓝蓝的天上白云飘"吗？那岂不是既看见了"天"，又看见了"气"么！

这一唱，唱出两个问题来：天为什么是蓝的？白云又是什么？

其实，说到头，还是大气对阳光的作用在我们眼中的反映。这句话听起来好像有点绕口，其实说的就是阳光、人眼和大气三者的关系。下面就来解释一下。

"阳光"，上章已介绍过了。至于"光线"本身是什么颜色，也是一个客观存在，取决于它的波长，用仪器就可以准确测定。

"人眼"，其实就是一个可见光接收器。一开始我们归纳过，"窄窄一段可见光，其他全都看不见"。在太阳辐射到地球的电磁波中，大约有一半是可见光。但是，如果没有大气，如果可见光直接跑到你眼前，对不起，"可见"也就不见了。人类之所以能看见万紫千红、绚丽多彩的大千世界，是因为万物对可见光有吸收、反射、折射、透射、衍射和散射等作用，最终把某些颜色的光线"送"到了你的眼中。通过眼睛看到的颜色，除了光线和大气的客观影响外，还与人的主观因素（生理、心理）有关，不同的人对不同的颜色敏感度也不一样，甚至有时与情绪都有关系。在人类接收的万千信息中，百分之八十是眼睛看到的。那么，这丰富多彩的信息是怎么来到人们眼中的呢？这一切的一切，都是电磁波这支彩笔在大气这块天幕上绘出的奇迹！

笔记栏

"大气"，这是本章的主角。它如何对待阳光，即如何"吸收"，又怎么"散射"，则取决于它的成分、分布和大小，同时也受着气象因素、人为因素的影响，需要具体情况具体分析。那么，就以蓝天、白云的情况来分析一下吧。

"蓝天"：天空呈蓝色是因为大气中的气体（例如氮、氧、二氧化碳、臭氧等）的原子和分子对太阳辐射的可见光散射所致。散射的情况取决于散射物的大小，而这个大小是由入射电磁波的波长这把"电尺子"来衡量，即看物体是比波长大还是比波长小。在晴朗的天空，这些气体的微粒远小于波长。可见光中红、橙、黄、绿波的波长较长，散射较弱；而青、蓝、紫波的波长较短，散射较强；而且太阳光谱的这一段中又以蓝光的能量最大，故散射也最强。于是在晴空下，你放眼所见，就成了蔚蓝色的天空。这个问题首先由英国科学家瑞利在 1881 年做出了解释，并推导出了计算公式。因而学术界把大气粒子直径远小于入射波波长所引起的散射称为"瑞利散射"。

"白云"：是因为大气中的水蒸气，一团团、一片片地聚集。它们之中，水滴的大部分直径，都比可见光的各种成分的波长大得多。因此各种成分都散射到了你的眼中，你看到的是所有七个颜色的光，即所谓"全色"光，也就是白光。所以你看到了朵朵白云。学术界把这种大气中粒子的直径远大于入射波波长引起的散射，称为"无选择性散射"。意思是说：各种波长的成分一律"平等"地被散射。

20 世纪初，有一位姓米的德国科学家，更细致地研究了大气对光波的散射问题，导出了更复杂的计算公式。它对大气中粒子的直径与入射波波长差不多时的现象，做出了完满的解释。因此，学术界就把这种两者尺寸可比拟时的散射称为"米散射"。

当大气混浊时，大气中的烟雾、尘埃等小的气溶胶微粒以及小水滴成分增多，它们的直径大小与可见光的波长差不多。这时的散射情况与波长的关系不像瑞利散射时那么明显，因而，天空呈现出灰白色。这就是典型的米散射。

听到这里你会说："哎呀，大气对阳光的散射还真麻烦，一会儿是瑞利散射，一会儿是米散射，一会儿又是无选择性散射，都把人搞糊涂了。"

其实，大气对阳光，是"眉毛胡子一把抓"的，不管三七二十一，散射就是了。情况错综复杂，不仅各种大大小小的粒子在散射，而且，还不止散射一次。你想想，大气中各种粒子"挤"在一起，这个粒子散射的光，当然还会碰到另外的粒子，这样就会二次散射、三次散射，甚至多次散射。一句话，大气对阳光的散射是一个复杂的综合现象。

那么，如何理出个头绪来呢？

学者们做的就是这个工作。他们把这种复杂情况在具体分析时进行简化，即抓主要的，而忽略比较次要的，这样就容易理出头绪来了。这种抓主要矛盾的办法，不是在找麻烦，而是在化简；更不是在搞糊涂，而是弄清楚。这是人们在科研中常用的方法，希望少年朋友在未来工作中善加利用。

就以大气对阳光的散射来说，面对如此复杂的情况，学者们以他们的聪明才智，利用大气的粒子大小与波长相比较的方法，来把它化简为三种情况，即大得多、小得多和差不多。无选择性散射是针对"大得多"的情况，这时，与日常用的几何光学的情况差不多，很容易分析。瑞利针对的是"小得多"的情况，这种情况也简单一点。而米分析的是最复杂的情况，在"差不多"的情况下，只能用米的理论来解释，才能得出比较合理的结论。而当把米的公式向两头简化时，即当考虑的粒子直径很小时，它简化为瑞利情况；而当考虑的粒子直径很大时，又可简化出几何光学的结论。

这时，你可能会问：既然米的理论"包罗万象"，不如就用他的来分析一切就行了，何必要搞几种情况呢？

这个问题回答起来也很简单：

第一，人们研究问题总是先易后难，是一个渐进过程；

第二，如果用较简便的方法和用复杂的方法，得出的结论是一样的，你愿意用哪种方法？当然先用简便的了。

同一粒子，对不同的波长而言，往往用不同的散射处理方法。比如，直径为 10 微米的气溶胶微粒，对可见光而言，它很"大"，可用无选择性散射理论处理；对红外线而言，却"差不多"了，就要用米散射方法处理；而对微波而言，它又很"小"了，又要用瑞利散射方法处理了。

笔记栏

好了，上面谈的是如何在科学研究中化繁为简的方法问题。这类问题也是我想向少年朋友介绍的知识之一。不过本书主题是电磁波，所以现在还是回过头来谈大气对阳光的散射。这时，我们可以把各种理论综合起来，看一看天空的情况：

当大气清洁、晴空万里时，即大气中以微小粒子为主，你会看到蔚蓝色的天空；

当大气混浊时，大气中增加了较大的粒子，薄的时候，像浅蓝色的幕；厚的时候，呈青灰色；

当大气十分混浊时，大气中更大的粒子多了，天空就变成不大透明的灰白色了，再大再多，云层很厚时，大部分光线都过不来了，于是乌云满天，快下雨了；

而当一阵大雨过后，雨水"洗净"了大气中的尘埃等杂质，于是你又看到一片更加蔚蓝的天空。

你看，这一来岂不是真相大白了。

可是，有的少年朋友可能会问："这样说来，天空岂不是除了蓝就是白。不对，不对，天空是丰富多彩的。那雨后夕阳下的彩虹飞渡，那天边偶现的海市蜃楼，那晚霞，那旭日，那金色的阳光普照大地 ……这一切的一切，谁能不觉得心旷神怡？"

问得好！真的！这一切的一切，都是太阳电磁波这位神奇的"画师"在大气这块广阔的"天幕"上绘出的奇迹！对于这许许多多的大气现象，当然不能只用一个散射理论就统统解释清楚。事实上，大气对太阳电磁波除了散射之外，还有反射、折射、衍射、透射等各种各样的"射"法。学者们也用抓主要矛盾的科学方法来解释这些现象。

美丽的彩虹、奇幻的海市蜃楼，看起来复杂神秘，解释起来却可以用比较简单的方法，一般说来可以认为都是大气对阳光的折射和反射所造成。而折射和反射的知识，少年朋友都是学过的。先来复习一下有关几何光学对它们的描述要点：

折射、反射都是在光从一种介质射向另一种介质时（或者虽是同一种介质，但内部不均匀，存在密度变化）发生的现象。当光斜入射到分界面时一部分光返回原介质，叫"反射"；另一部分光进入另一种介质中，其方向会偏移、速度会改变，叫"折射"。

光传播时按反射、折射定律：入射线、反射线、折射线三线在一个平面内，分居法线两侧。而且，入射角等于反射角；折射角除以入射角近似等于折射率（它对每一均匀介质而言为一常数）。"角"是指各射线与法线的夹角。"法线"是垂直于交界面的假想线。

折射率大的介质叫"光密介质"，小的叫"光疏介质"。光密和光疏是两种介质相对而言。例如，水与空气比较，水是光密，空气是光疏；但水与玻璃比较，则水是光疏，玻璃是光密。

光从光疏介质射入光密介质时，速度变慢，折射角小于入射角。反之，如果光从光密到光疏介质，则速度会变快，折射角会大于入射角。这时，如果增大入射角到某一数值，折射角会达到90°，这个入射角称为"临界角"。当入射角大于此临界角时，折射角就大于90°了，也就是说，全部光（反射加折射）都返回光密介质中了，故把这种现象叫"全反射"。

不同波长的光折射率不同，波长越短折射率越大，因而，斜入射到另一种介质时折射角也不同，这样各种颜色的光就散开了，这就叫"色散"。

记住这些，看解释就容易多了。

先来看看彩虹，其实它就是阳光被雨水微粒折射、反射和色散而形成。具体说来是这样的：雨后转晴，大气中的杂质少了，但大量水滴却还飘浮在空中，阳光碰到水滴表面，水滴比可见光波长大得多，它进入水滴时先折射一次，由于色散，各色光散开了，又在水滴中"走"上一程。碰到水滴的背面又反射过来，最后离开水滴时再折射一次。如果入射的阳光角度合适，则背光而站的你就可以看到美丽的彩虹了。红光在上，紫光在下，各色依波长顺序排列出一座拱形"天桥"。

有时，在彩虹的上方，还可以看到反序排列（紫上、红下）、亮度较弱的副虹，人们称之为"霓"，它是由进入水滴的光两次反射后再出来时形成的。由于反射两次，所以排序与虹相反，也由于反射两次亮度也就弱点儿。还由于两次反射时，最强的反射角度出现在比虹高的位置，因而到了虹的上方。根据测试，一般虹是在 40°~42° 的角度，而霓是在 50°~53° 的角度。

实际上，霓虹也不一定只跟随雨后夕阳出现，只要满足如上条件，即可形成虹。例如瀑布附近，又如人工喷泉附近，甚至自己去喷水，有时碰巧也可以带来额外的惊喜。受霓虹的启发，人们就把商业的广告彩灯命名为"霓虹灯"了。

再来看看海市蜃楼。它是特殊的条件，即大气反常分布，引起的大气对阳光折射和全反射所形成的一种幻象。

大气的正常密度分布是由下向上递减，在对流层中温度也是由下到上递减。即高度越高，密度和温度都越低。正常情况下，一般是海拔每升高100米，温度大约下降0.65℃。在夏季，气温较高。但在海面，由于海水热容量大，温度不高。这时，如果又有一股冷流，流过某处海域，海面的水温会更低。接近海水的大气，受水温影响而降温，形成一种下冷上热的反常温度分布，而冷又使接近地面的大气密度更密，两种因素加起来使上、下层大气差别更大。这时如果阳光照射到远处的景物上，产生反射，而反射的光经过大气时是从光密到光疏产生折射，条件合适时，就会造成全反射。这全反射的波射入你的眼帘，于是本来看不见的远方低处景物，一下子被你看见了。而人们的视觉默认景物来自直线方向，于是人们就认为空中的"仙境"出现了。

白居易的《长恨歌》中有两句："忽闻海上有仙山，山在虚无缥缈间。"就是道士用山东蓬莱的海市蜃楼来骗唐明皇这个"傻子"的。聪明人都知道那是个幻景。"海市"是指海的上空出现的如城市般的虚像，"蜃楼"是想象中的蛟龙向空中吐气产生的楼阁幻觉。这样的虚城幻楼，就是"海市蜃楼"了。法国人更浪漫，把它的一种歼击机也取名为"海市蜃楼"，以形容它的"武艺高超、出没无常"。

实际上，海市蜃楼并不只是出现在海上，只要满足上述条件，也可在其他地方出现。例如，在沙漠中，它就经常"出没"来欺骗渴望绿洲和人烟的行旅。甚至有人说在柏油马路上空也见过。

至于那晚霞、旭日、金色阳光，你主要是正对着太阳方向看的。本来太阳的能量就大半落在波谱的黄、红和近红外线部分，再加上青、蓝、紫等较短波长的成分又被散射，你当然就看到以红黄为主的光线了。

好了，对太阳电磁波"画师"的高超技艺的介绍，就先告一段落。下面就来介绍大气是怎样分层，以及它们是如何调控从宇宙空间射来的太阳电磁波的。

大气分层示意图

大气层调控着电磁波

这些年来，随着科技的发展，特别是航天科技的发展，人们对大气分层有了更精确的了解。

弥漫在天上的大气，是一个复杂的整体。在气象学中，通常按温度垂直分布的特点对大气进行分层，即所谓"热分层"。它们共有五层：对流层、平流层、中间层、热层和散逸层。

对流层最靠近地面，与人类的关系也最为密切。它有五大特点：

其一，厚度不大且随纬度和季节变化。两极地区要低一点，离地面约 8~10 千米；赤道地区要高一点，离地面约 15~18 千米；中纬度地区居中，离地面约 10~12 千米。

其二，气温随高度而递减。平均每升高一百米，气温约下降 0.65℃。在高纬度地区的对流层顶，气温大约降为 -53℃；在低纬度地区的对流层顶，气温大约降至 -83℃。

其三，强烈的上下对流。由于地面吸收太阳辐射的能量（主要是红外线、可见光和 300 纳米以下的紫外线）转化为热能，使临近地面的大气受热膨胀而上升，上面冷的大气却又往下降，故而形成强烈的上下对流，对流层之名即由此而来。

其四，密度大。这里集中了四分之三以上的干净大气和百分之九十以上的水汽。

其五，复杂多变、气象万千。几乎所有的气象变化，如云、雨、风、霜、雪、雾、雷、雹等都在这里发生。在离地面 1~2 千米范围内，由于受地面热力、摩擦力的影响，与较高层的"自由大气"不同，其气温、气压等气象因素变化显著，故又有"摩擦层"或"对流下层"之称。而且，这里的污染物和水汽含量也都较高，对人类的日常生活和经济活动影响很大。

平流层是从对流层顶到离地面约 60 千米处的一层，归纳起来也有以下四点：

其一，这里空气比对流层稀薄得多，而且水汽、尘埃都很少，因此大气透明度很高，也很少出现气象变化。通常，喷气式客机平飞时就是在这一层的较低处飞行，所以你看到茫茫云海在机身的下面，而舷窗透入的是强烈的阳光。

其二，大气的上下对流现象减弱，主要是水平方向流动，风速可达 140 米/秒。又正因上下流动弱，若大气污染物进入此层后，就会长期存在，例如氟利昂等消耗臭氧层物质的进入，成为当今人类关注的焦点。

其三，温度变化上下不一。在下部，即从对流层顶到大约 30~35 千米这一范围内，温度随高度的变化较小，气温趋于稳定，平均约为 -56℃，故又把

这一层称为"同温层";在上部,即从30~35千米以上到平流层顶,是个升温层,即温度随高度升高而上升,所以,在平流层顶处,气温又从零下几十度低温回升至约-3℃。

其四,有个特殊的臭氧层。高层大气中的氧分子被波长较短的紫外线分解成氧原子,氧原子又与氧分子结合生成臭氧。因为它是由三个氧原子组成,比较重,所以往下沉,到了约15~35千米的高度,因各种因素作用而稳定下来,形成一个含丰富臭氧的、厚约20千米的大气层。(注意:这一层中,也有别的大气成分,不是只有臭氧,只不过是臭氧大都集中于这一层而已)它的存在十分重要,因它能吸收大部分有害的紫外线,这点后面将会讲到。同时,该层也正因吸收了紫外线的能量而升温。

中间层是从平流层顶到约85千米处。这一层中大气更为稀薄,但又是另一个降温层,温度随高度而递减,平均每上升一千米约降3℃,因此到其顶部处温度降至-90℃,是整个大气层中温度最低处。同时,也由于上冷、下热,热气上升、冷气下降,而形成又一个大气上下强烈对流的层。

热层,这一层因温度随高度增加而迅速增加,而且温度很高,故得此名。温度不再随高度增高而增加处为其顶部。热层顶在太阳活动情况不同时变化较大,在太阳宁静期高度约为250千米,该处夜间的最高温度约为230℃;在太阳活动期热层顶高度升至500千米,该处白天的气温可达1700℃。

这时,少年朋友可能会担心:"这么高的气温,当航天器在这个高度时,岂不被烧坏了?"

其实,不用怕,因为这里的大气已非常稀薄,碰上的概率很小,即使碰上几个分子也构不成威胁了。

散逸层是最外层,故又有"外大气层"之称。由于远离地球,地心引力薄弱,大气微粒可以逃逸了。但到底跑多远就很难说了,因此这一层边界在何处没有定论,因为大气粒子已极少了,慢慢就向宇宙空间过渡了。一般认为,以大约10个地球半径处,即高度6万千米处为"大气上界"。在这一层中温度基本维持热层顶的温度,当高度继续增高时,仅略有增加。

后面这三层，我们只简单提了一下。并不是因为它们不重要，而是因为我们要从另一个角度去研究它们。

什么角度？就是电磁波的角度。这正是本篇的主题。

从电磁波的角度，人们把大气分成两大层。一层是靠近地面的对流层和平流层，另一层是平流层以上。即大致以 60 千米为界，以下是非电离层，以上是电离层。为什么呢？

因为，平流层再往上，大气被电离了。也就是说，大气中的分子或原子里的电子，在外来辐射的照射下，跑了出来，成了自由电子，那些失去电子的分子或原子就成了带正电的离子。因此在电磁学中称它为"电离层"。引起电离的外来辐射，主要就是太阳电磁波里的紫外线。其他还有太阳电磁波里的 X 射线、伽马射线，带电粒子流以及其他星体辐射来的电磁波、宇宙射线，还有一些在天际"乱窜"的微小流星等。也正因为这一层中的气体微粒，大量吸收太阳辐射的能量，因而变热，所以成了"热层"。

自由电子和离子相碰的时候，又会复合成分子和原子。所以太阳照射时，大气被电离，在背着太阳时，电离停止了，复合却还继续进行。因此，随着昼夜季节的变化，大气电离层也在变化。但是这种变化比较规律。

对于大气电离的情况，用电子密度（即每立方米的电子数量）来衡量。科学家观测发现，有几个不同的高度上电子密度相对较大，于是又把电离层分为几层：

60~90 千米处，叫"D 层"（或叫"内层"），白天存在，夜间消失；

90~150 千米处，叫"E 层"（或叫"中层"），昼、夜都存在；

150~450 千米处，叫"F 层"（或叫"外层"），F 层又可分为两层："F1 层"（150~200 千米处），白天存在，夜间消失；"F2 层"（200~450 千米处），昼、夜都存在。

同样，当前面提到的太阳本身辐射变化时，电离层也会变化。例如，太阳黑子有 11 年周期变化，电离层就也有 11 年周期的变化。当太阳耀斑出现时，电离层也会出现变化，这种变化人们叫"电离层骚扰"。当太阳风暴出现时，电离层更会突变，人们称之为"电离层暴"。

过去，人们主要关心的是人类由地面发射的电波信号（通信、雷达、广播等）的传输问题，而这些电离层又能反射、折射或透射不同波段的无线电波，因而对它们做了仔细观测和理论分析，进而提供预报。对 F2 层以上的电离层空间，就不那么关心了。因为那里的大气虽然已全部电离，但却十分稀薄，只有为数不多的电子和离子。

但是，随着卫星和航天事业的发展，人们对 5 百千米到几万千米的高层电离层也重视起来。因为现今的人造地球卫星，基本上都是在这一层里遨游。一句话，那里是人造卫星的"家"。

也正是由于人造卫星把"家"安在那里，于是发现了重要"情报"。想当初人类只在大气低层"转游"，就认为地球磁场只是像一根磁棒产生的磁场那么简单。如今到高高的天上一看，哎呀，大谬不然！原来那里也受着地球磁场的"管辖"！而且地球磁场在那里也大变了样，变得"复杂而又漂亮"。学者们一致认为：有必要给这个区域重新命名。

人们想："叫什么好呢？"

既然是地球的磁力边疆，那就叫"磁层"！

磁层的外边界叫"磁层顶"，在向阳面离地面约 6 万千米。磁层到底长什么样？我们在后面"劳苦功高的地球磁场"一节中再讲。这里还是来讲大气和电磁波的关系这个主题。

知道了大气如何分层后，就可以来看看大气如何为人类调控电磁波了。

首先，由太阳喷出的高温、高速、低密度的带电粒子形成的太阳风吹了过来，在磁层顶遇到了地球磁场的顽强抵抗，它只好绕过地球，向地球后方的宇宙空间吹过去，于是形成一个被太阳风包围的、彗星形状的地球磁场区，它就是磁层。让我们来想象一下：太阳风把"磁力线"吹得向地球后方飘去，好像地球拖了一个长长的尾巴，人们称为"磁尾"。太阳风中的这些高能粒子"子弹"，被磁层顶"顶住"后"滑"向后方，顺着磁尾向远方飞去。所以，磁层就是地球的第一道防线。它把太阳风"挡"在了外面。但是，这场"持久战"

也是十分艰苦的，当太阳风强时，就把磁层顶推得低点；太阳风弱时，它又返回去一些。但是，当太阳风很强时或者太阳风暴来临时，太阳风的巨大能量就会引起所谓"磁层亚暴"。科学家们的看法是，这当中有两种基本过程：一种是太阳风能量直接传输到极区电离层和环电流中；另一种是太阳风能量先储存在磁层的磁尾中，经过一段时间后又脉冲式地释放到极区电离层和环电流中。总之，两个过程最后都是一个结果：巨大的能量跑到电离层中。

听到这里，少年朋友可能会说："太理论化了，有点枯燥。"

那么，我们就来通俗形象地讲讲"磁层亚暴"的后果，归纳起来就是太阳风的高能带电粒子撞进了大气的电离层，在离地面约100~350千米的高空，与大气的"子弟兵"（例如氮、氧分子或原子）打了起来。这一"打"，好戏上演了：这些大气粒子被激发，发出耀眼的光芒，出现了千姿百态的太空奇观，人们称之为"极光"。所以，有时又把"磁层亚暴"叫作"极化亚暴"。这又是一幅太阳电磁波在大气的天幕上为人类勾画出的诱人美景！那景色真是令人目眩神迷。

前几年，我去美国阿拉斯加旅游之时，有幸观赏到那种奇景，真可谓：彩虹在它面前失色，焰火在它面前无光，摄人心魄、沁人肌肤、令人振奋、诱人欢呼。一张张照片，也只能拍下它的形，却拍不出它的魂。少年朋友有机会一定要亲眼去看看。

我们还是从电磁波的角度来谈谈这个问题。

极光美，固然是美，但是说到底它还是一种电磁现象。它发出的光波，波长大致在3100~6700埃之间，最强处在绿光与黄光的交界处。同时，它也会产生射频辐射，对通信、雷达等电子设备造成干扰。更有甚者，甚至在输电线上产生强的感应电流，从而破坏电网工作。幸好它"自己识趣"，大多在人烟稀少的极地"供人观赏"。当然，也不能太放心，因为当太阳风暴强烈时，它也会到较低纬度地区来。

太阳风是太阳喷射的高能带电粒子，它在磁层吃了闭门羹，其他的太阳辐射是否受欢迎呢？大气层对其他的太阳电磁波又将如何"动作"呢？下面就让

美国阿拉斯加空军基地上空的极光

我们用比较形象的语言来讲讲这个枯燥的故事吧。

太阳电磁波"悄悄地"来到大气层的磁层，举目望去，里面只有稀稀拉拉的几个"兵"（非常稀薄的大气粒子），给一点能量就电离了。于是太阳电磁波继续高高兴兴地向大气的下一层前进。"耳边"传来了"远方的客人请你留下来"的"歌声"。原来，这一层大气的"儿女们"（氧原子、氮原子、氧分子、氮分子）正等着它们。于是，太阳电磁波马上"派出"一部分紫外线（主要是波长短于 150 纳米的）和比紫外线波长更短的电磁波以及带电粒子，去与它们"联欢"。大气粒子被电离了，形成了上文所说的电离层。也就是说，电离层就是地球的第二道防线。它挡住了太阳电磁波的一部分。还剩下一部分紫外线和可见光、红外线。后两个成分，由于波长较长，在电离层未受到什么阻挡。太阳电磁波中的微波辐射也顺利地穿过了电离层，大家一起向平流层挺进。

走进平流层，似乎"麻烦不大"，又走了十几千米，问题来了。迎面站出来一群满身异味的分子。

电磁波问："你们是谁？"

"大名鼎鼎的好汉——臭氧是也！"

"你们要怎样？"

"可见光和红外线可以通过，因为下面的人需要光明和温暖；微波辐射嘛，人们也在研究；只是，紫外线好像人们不大欢迎，请留下来吧。"

"没有商量余地吗？"

臭氧沉思了一下说道："嗯，这样吧，身高（波长）在 290 纳米以下的矮个子先留下来，其他的到下一层试试，看它们怎样对待你们。"于是，臭氧层成了地球的第三道防线。它吸收了大部分对人体有害的紫外线，成为人类的"近卫军"。可是，近年来，科学家们却发现，人类正在"自毁长城"。于是，振臂高呼，发出警报：爱护环境，保护臭氧层！

接下来，过了三关的太阳电磁波继续前进，来到对流层。只见这里热闹非凡：众多的氮分子与氧分子蹦上跳下，不少的二氧化碳和其他稀有气体分子也是川流不息，还有一些外来客人如冰晶、水汽也在左奔右窜，甚至还有一些不速之客——尘埃以及另外一些人为造成的液态、固态、气态微粒也在那里游荡不息。

微波辐射身材高大（波长较长），不太费事就穿过了。红外线个子小点有些麻烦。大气对红外线的散射倒不太大，但那些水汽、二氧化碳等却比较喜欢吃这些"热果子"，即它们对红外线有选择性地吸收。因此，如果遇上的话，就会被"吃"掉一些。比较麻烦的是可见光，它们个子更小。正如前节所说散射比较明显，反射也不小，而且，受天气影响很大，这点在日常生活中人人都有体会，不必赘述。臭氧层"开恩"放过来的紫外线，个子更小（波长比可见光还短），当然会受到比可见光更坏的"待遇"，特别是天气不好时更难穿过。

尽管如此，太阳电磁波总算克服了重重困难，来到地面。这时，来"清点"一下，在"清点"过程中，太阳电磁波的各路"兵马"也议论纷纷。

归纳起来，大家反应是：来的时候"司令"说，大气有两个天窗，一个是光学天窗，另一个是射电天窗，没什么麻烦，可以顺利通过。

但是，"中路军"可见光说："我们一进去就磕磕碰碰的，有的被碰了回来，有的逼我们四下逃窜。"

"左路军"红外线说："我也感到天窗只有几处比较好通过，有时水汽大，麻烦也多。"

"边锋"紫外线更是抱怨连连地说："我们就更惨了，小个子全军覆没，中等个的也损失惨重，只有大个子算是撞了些过来。"

唯有"右路军"微波还略带一点笑容地说："我们还好，有一点不大的麻烦，基本上把人马都带过来了，不过我的人马本来就不多。"

"司令"这时发话了："既然如此就认真总结一下，各路人马回去具体看看都有哪些问题，写个书面报告上来，以便今后注意。"

可见光的报告中写道：我们遇到的阻碍主要是大气分子、原子和气溶胶粒子散射，以及水汽特别是云层的反射，至于吸收一般说来都很小，只是有几个地方稍微有一点，它们是在4300～7500埃范围，是由臭氧吸收引起，叫"夏普伊"吸收带；在 5384 和 7621 埃附近是氧吸收；在 6943.8 埃附近是水汽吸收……

红外线的报告中写道：我们发现波长 13 微米以上基本被吸收，而 13 微米以下有三个较小的窗口容易通过：1~2.5 微米，3~5 微米和 8~13 微米。吸收主要是由水汽、二氧化碳和臭氧引起，它们造成一些吸收带，例如，水汽主要是在 1.1、1.4、1.9、2.7、6.3 微米附近和 13 微米以上；二氧化碳主要是在 2.7、4.7 和 14.7 微米附近；臭氧则是在 4.1、4.7 和 9.6 微米附近……

紫外线的报告写道：波长在 200 纳米的全部远紫外线都被吸收到不了地面，在高层主要是由氮和氧的原子和分子吸收；到了平流层遇到臭氧吸收，臭氧有两个有名的"大将"，一个叫"哈特莱吸收带"，主要"吃"200~300 纳米之间的中紫外线，吸收能力很强，最大处在 250 纳米附近；另一个叫"哈根斯吸收带"，主要"吃"320~360 纳米之间的近紫外线，吸收能力稍弱一点。这样一来绝大部分都"报销"了，能到地面的就所剩无几了。

微波的报告这样写道：波长 30 米以上的都被电离层挡回了，其他的问题都不大。什么云和雾的我们也不在乎，发现有几个小小的吸收带。2.53 和 5 毫米是氧分子吸收；1.35 和 1.64 毫米是水汽吸收，不过也容易躲过。所以，我们可以顺利地到达地面。如果"大帅"高兴时（太阳活动高峰年）再多发几路兵马，那时候就可以让地面的电讯系统吃点苦头了。

如此下来，"清点"的结论是：

大约有 30% 的太阳辐射，直接以"短波"的形式返回宇宙空间。其中，大致的比例是 20% 被云层反射，6% 被大气散射，4% 被地面反射。

大约有 19% 的太阳辐射被大气吸收。大致的比例是 3% 被云层吸收，16% 被大气其他成分包括气溶胶吸收。

所以，只有大约 51% 的太阳辐射能量到达地球表面。成分比例也有变化。

其中波长小于 0.4 微米的部分，下降到略低于 5%；

中间的可见光部分，降至 40% 上下；

波长大于 0.76 微米的部分，相对来说比例变高了些，略高于 55%。

当然，这仍然是个大致的平均统计值，并非时刻如此。

总之，太阳电磁波与地球愉快地会师了。它抚摸着大地，亲吻着海洋，穿过丛林，游戏花草，给人类和万物送来了光明、带来了温暖。正是由于它的到来，人类才真正体会到太阳的好处，才会发出万物生长靠太阳的感叹，才会赞美太阳是生命的源泉。既然如此，现在，该我们来好好看看地球了。看看它怎样消化这些太阳的"恩赐"。看看太阳辐射到达地球之后又带来哪些好处、惹出什么"麻烦"。

地球……电磁波装扮起来的家园

太阳电磁波抵达地表

面对地球这个小巧而精致的蔚蓝色星体，这个承载着人类在宇宙中飘浮的绿舟，我们是否问过自己：对它的了解到底有多深？人们从小就爱摆弄动物和植物，自幼就望着月亮和星星出神，充满了好奇心，但却常常忽略了生于斯、长于斯的地球。以至于至今仍说不清地球到底有多少秘密，道不明人类到底怎样才能在地球和谐生息……

所以，我们真应当振臂高呼：人类呵，多关心一些地球，多关心一些孕育了人类的大地！

下面我们就从电磁波的角度来关心一下地球。本章先从太阳电磁波的角度、下章则从地球本身电磁波的角度来关心地球。

太阳电磁波来到了地球，大约把它的能量的千分之三传给植物，植物的叶绿素才能进行光合作用，转化为生物能，合成各种物质。据估计，全球植物每天大约可产生4亿吨蛋白质、碳水化合物和脂肪，同时还释放出近5亿吨氧。为人和动物提供了必需的食物和氧气。而其余的大部分太阳电磁波能量都传给了大气、陆地和海洋，不仅造就了万千气象，而且转化成风能、水力能、海洋能、雷电能等。就这样为人类装扮起来一个幸福的家园。不仅如此，在这个家园里，它还带来了昼夜和季节的轮回，左右着地球的冷暖，同时，也会带来一些麻烦。

世界上最早看到日出的是哪个国家？

电磁波照射出昼夜和时辰

地球绕地轴自转，地轴的取向基本不变。学术上，常用一种所谓的"右手螺旋法则"来确定方向。即如果我们将右手除拇指外的其余 4 根指头握向地球旋转方向，则拇指所指方向就定为上方。通常，又规定：上为北、下为南、左为西、右为东。于是，地轴与地球上方表面的交点为"北极"；地轴与地球下方表面的交点为"南极"；地球是由西向东转，即如果从北极上空向下看，地球是逆时针方向转。假如我们设想，通过地球的中心点作一个与地轴垂直的平面，这个面与地球表面相交近似为一个圆。这个圆我们称为"赤道"，而这个平面也就叫"赤道平面"。赤道平面把地球分为南、北两个半球，我们中国是在北半球。另外还可作许多与赤道平面平行（当然也就是与地轴垂直）的平面，与地球表面就会相交出许多圆，称为"纬度"圆，并可用其上任何一点与地球中心点的连线与赤道平面的夹角的度数来命名。即赤道纬度为零度（0°），北半球为北纬（N），南半球为南纬（S）。在南、北极处，纬度的圆缩成了一个点，度数分别是南纬 90° 和北纬 90°，其他纬度都在 0° 与 90° 之间。据说，由于地球自转把地球"甩扁了"，由地心到赤道的半径稍长，约为 6378.140 千米，由地心到两极的半径稍短，约为 6356.775 千米。赤道周长为 40075.13 千米，是纬度中最长的。地球的表面积约为 5.11 亿平方千米。

通过地轴我们可以作许多把地球竖着"切开"的假想平面，这些面与地球表面也相交出一个个圆，或者说在地球表面形成了许多连接南极和北极的半圆线，称为"经度"线。不像纬度有个"天生"的零度线——赤道，经度没有这么方便，得由人来选定。那么，为什么要规定一个零经度呢？这事还是得从太阳辐射谈起。

由于有太阳照射，地球这一转，就转出来白天与黑夜之差，黎明与黄昏之别，地球就有了"作息时间"，而且各处不同。喜欢历史的少年朋友，应该还记得，英国曾经自誉为"日不落国"。为什么？它虽然是一个偏居一隅的岛国，但工业革命的浪潮却让它成了航海的大国。所以，当初霸道的英国人，走到哪里，就殖民到哪里。于是，所到之处都好像成了英国的"领土"（甚至也在1897 年"租用"了我们香港）。这样，尽管太阳每时每刻在照着不同的地方，而英国人却能吹嘘说：太阳总能照着遍布世界的他们的"领土"。

总之，我们已经确立了这样的概念：地球上的人们是由太阳照射的差别来确定自己的时间的。太阳照着的时候为昼（白天），照不着的时候为夜（晚上），刚照着时为黎明，临别时为黄昏。

古时，我们中国就把地球转这一圈（即一昼夜）划分为十二个时辰：子、丑、寅、卯、辰、巳、午、未、申、酉，戌、亥。午时就是白天的正当中，故叫"中午"，子时就是"半夜"。过去人们没有钟表，更没有电子表，"先进"一点是用沙漏计时，但大多数人连沙漏也没有，于是大家想出一个办法：打更。就是让一个人守夜，到了某一个时辰就出来满街敲一遍锣，名曰"打更"，而这个人就叫"更夫"（是个苦差事，因为睡不成觉），一共打 5 次，所以半夜就是三更，五更也就鸡鸣报晓了。所谓"漏尽更深"就是指沙漏完了夜已很深了。

从地理的角度讲，地球转一圈，也就是转了 360°。拿 12 个时辰去除，就得出中国古时的 1 个时辰，就是地球转了 30°。而前面说的那个"日不落国"，是把一昼夜分成 24 个时辰（比我们的时辰小一半，故我们中国人叫它"小时"）。也就是说，它的每小时，地球是转 15°，或者说得"学术味"一点，即地球旋转的角速度为每小时 15°。

显然，在北京是早晨，在伦敦不会也是早晨。为了大家有个共同语言，得商量个国际标准才行。于是，1884 年 10 月 13 日，在美国首都华盛顿，25 个

笔记栏

格林尼治天文台原址，现在是博物馆。这是 1975 年英国邮局为纪念它成立三百周年发行的邮票

国家的 41 个天文学家开了一个国际会议，会议决定：以经过英国首都伦敦的"英国皇家格林尼治天文台"（Royal Observatory Greenwich）的经度线为零度（经线意味着时辰，所以我们中国人又常把经线称为"子午线"，而把零度经线叫"本初子午线"）。以这个零度经线作为计算地理位置的起点和世界标准时的起点。后来，为了纪念人类做出这个重要决定的日子，大家商量把每年的 10 月 13 日定为"国际标准时间日"。

于是，大家公认的经线"零度线"确定了。在它以东的经线叫"东经"，在它以西的经线叫"西经"，东、西经线在各自的 180° 处"会师"。也就是说经度是 0° 到 180° 的范围。

到此为止，地球上任何一点就可以用它的经、纬度来确定了。如今，无论你走到哪里，全球定位系统（这也是电磁波带给人们的方便）都可以告诉你所在的确切位置。

空间位置定了，时间又如何确定呢？

例如，当某地是中午 12 点时，在地球正对面另一地必然是半夜 12 点。这是它们各自的本地时间，称为"地方时"。

为了有一个全球统一的"世界时"，那次会议还规定了"区时系统"。它把地球按经度划为 24 个时区，即每 15° 范围（也就是太阳一个小时内照过的经度）作为一个时区。各时区一律以该区间的中间那根经线（称为该时区的"中央经线"）所代表的时刻作为该时区标准时刻。并指定了各时区的中央经线分别为 0°，东、西经 15°，东、西经 30°，东、西经 45°……一直到 180°，于是每条中央经线的两侧各 7.5° 范围内所有地点，都用中央经线处的时间为该区的标准时。这样全世界就只有 24 种不同的时刻存在。而且相邻时区正好差

1 小时，大家换算起来也很方便。例如，伦敦是在 0° 经线（本初子午线）经过的地方，那个时区东、西经各占 7.5°，我们叫它"中区"。中国北京，在中央经线以东，东经 120° 的那个时区，从中区数起是东边第八个，故称"东八区"。也就是说，伦敦还是半夜的时候，北京已经是早上 8 点了。

有了这些规定，空间位置定了，时刻也有统一说法了。既然空间、时间都定了，一切就"万事大吉"了。哈哈，不要高兴得太早，我们现在来做个游戏。

现在，假定你由西向东去周游世界，每走过一个时区，你就应该把你的钟向前拨一个小时。这样，当你走过全部 24 个时区，又回到你的出发地时，你的表就刚好向前拨了 24 小时，也就是第二天的同一点钟了。如果我与你同一时刻出发，但我是向反方向走，即由东向西去周游世界，每走过一个时区，我就把我的钟向后拨一个小时。这样，当我走完一圈，也回到原地时，我的钟刚好向后拨了 24 小时，也就是我的表指示的是前一天的同一点钟。我们两个一对日期，麻烦了！明明大家同一地点出发，花了相同时间，走了地球一圈，只是方向不同，日期却对不上了。整整差了两天！为了避免这种人为的日期错乱现象，国际上又统一规定 180° 经线为"国际日期变更线"。当你由西到东跨越国际日期变更线时，必须在你的计时系统中减去一天。反之，当我由东向西跨越该线时，必须加上一天。这样你和我的日期就一致了。你和我就都满意了。

但是，也有人不是很满意。

例如新西兰的行政当局说："180° 经线（也就是国际日期变更线）正好穿过我们国家。这样我国在线两边的居民，明明是同一天过日子，在日历上却要差一天。那么我们颁布法律时怎么办？如果我们规定某一法规从某一天起开始生效，那这边的人说开始了，那边的人却说时间还未到，这就麻烦了。"为此，国际上大家又来商量，决定把这个国际日期变更线改进一番，基本上仍然按照 180° 经线，但中间拐几个弯，绕过一些有这种麻烦的地方，于是成了一条折线。

如今，在所有印出的世界地图上，都用红色的虚线明确地标出来这根国际日期变更线。或者说得更精确一点，它是以格林尼治时间为标准的日期变更线。从世界地图上可以看出：这条线从北极出发穿过白令海峡，越过太平洋，中间拐了 8 个弯，到达南极。

	日界线西侧	180°		日界线东侧
时区	东十二区			西十二区
经度	东经度			西经度
时刻	相同	减一天		相同
日期	今天			昨天
日期变更	见图	加一天		见图
地球自转方向	→			→

国际日期变更线

这时，新西兰的人就高兴了。他们成为全世界最先看见太阳升起的国家。

另外，既然反复提到格林尼治标准时，就需要交代一个问题：从 1675 年就设在伦敦东南郊的英国皇家格林尼治天文台搬家了！

大家知道，英国伦敦曾有"雾都"之称，主要是工业的发展造成空气的污染。白天烟雾弥漫，夜间灯火辉煌，实在不利天文观测。于是，格林尼治天文台于 1950 年迁往新址：英国东南海边的苏塞克斯郡所属的美丽小城——赫斯特蒙苏堡。但其名字还是保留，仍叫"英国皇家格林尼治天文台"。

哎呀，麻烦来了，这可不是开玩笑的。难道已经流行了这么多年的 0° 经线也要跟着搬家吗？如此一来，岂不是全世界时间要变、地图要改、一切都得重新来，这怎么行？！

于是大家又来商量，决定：本初子午线（0°经线）不搬家！

可是，0°经线的地方没有天文台了，谁来保持那个经度原点呢？大家决定反过来干：即选几个长期稳定性好的天文台来保持经度原点。什么意思？就是说，由这些天文台原来的经度值，反过来求各自的经度原点，再把它们所得，算出一个平均值来作为标准的全球经度原点，通过这个平均经度原点的经线，就定为如今的本初子午线（0°经线）了。

顺便说一下，在英国的格林尼治天文台，从格林尼治那个旧址搬走以后，英国人把天文台的旧址就改成了博物馆，连同它的所在地格林尼治皇家花园一起成了旅游胜地。1997年更被联合国教科文组织列为"世界珍贵遗产"。如果你有幸去那里游玩，千万记住到博物馆的经度馆（中国人又叫它"子午馆"）中，找一条嵌在地上的铜线，那就是0°经线的老祖宗所在地。

当你把脚跨在它的两侧照个相时，你可以自豪地说："我同时脚踏在东经和西经的大地了！"

不过，你可别说错话，说成："我同时脚踏东、西两个半球了！"这就错了。因为东、西半球不是用0°经线（本初子午线）划分的。国际上是用西经20°线（20°W）和东经160°线（160°E）构成的圆，来区分东半球和西半球的。也就是说，以20°W经线为准，在它以东为东半球，在它以西为西半球。或者说，以160°E经线为准，在它以东为西半球，在它以西为东半球。

你以为对经度做了这么多规定（用现在的流行词来讲，是达成了这么多"共识"），大家都把"国际标准时"挂在墙上，岂不又"万事大吉"了？非也。

各国还有自己的"小算盘"。即为了行政管理方便，一般都把某一时区的时间作为全国统一的标准时间。例如，中国把首都北京所在的东八区时间作为全国统一的时间，称为"北京标准时间"。你常听广播说："中央人民广播电台，现在是北京时间早上6点整……"说的就是这个意思。其实，中国领土辽阔，横跨5个时区。例如，新疆的喀什就在东五区。北京人起床了，喀什人还睡得正香，作息得按本地的，时间还是得用北京时间。

笔记栏

又如英国、法国、荷兰、比利时等国，原本是在中时区，可是为了与欧盟的大多数国家统一步调，却采用德国、意大利等国所在的东一区时间为统一的时间。

少年朋友们，看到这里你也许会说："这个经度还真麻烦，一下就扯出这么多事来。看人家纬度多简单，几句话就搞定了。"

可别这么说，其实纬度也才刚开了一个头，只是把定义讲清楚了而已。复杂事还在后面呢，现在就来讲一讲。

电磁波照射出四季和五带

　　除了自转，地球也围绕太阳转，称为"公转"。如果从地球北极上空向下看，地球是逆时针方向绕着太阳转。公转的角速度平均为每天一度，转一圈为一年，约为 365 天（比较精确的说法是 365 天 5 时 48 分 46 秒）。公转的轨道不是圆形，而是接近于圆形的椭圆，太阳在椭圆两个焦点中的一个焦点上。大约每年 7 月 4 日，地球转到离太阳最近，该处称为"近日点"；大约每年 1 月 3 日，地球转到离太阳最远，该处称为"远日点"。

　　地球公转轨道所在的平面称为"黄道平面"，它与地球自转时的赤道平面不是在一个平面上，而是斜着相交，这两个平面的夹角，称为"黄赤交角"，其数值约为 23°26'，也就是说，地球是斜着身子绕着太阳在转。

　　我们来想象一下，如果两个平面是重合的，那太阳辐射就永远是直射在赤道上，地球上其他各处都只有斜射的阳光。可是，地球身子这一斜，情况就完全不一样了，有机会享受阳光直射的地区扩大了，各地也就有了四季的变化，这不仅对人类，而且对农作物等的生长也极为有利。具体说来是这样的：一年四季阳光（包括整个太阳的电磁辐射）直射到地球的位置就会随时间南北移动，范围正好由那个黄赤交角限定。这就是说，太阳直射点向北移动，最北是到大约 23°26' 的那条北纬度线。然后随着地球继续转动，太阳直射点又回头向南移动，一直到南纬大约 23°26' 那条纬度线。地球再转，它就又回头往北"跑"了。如此年复一年，周而复始。因此，我们就把这两条纬度线分别称为"北回归线"和"南回归线"。意思很明显：太阳直射到那条纬度线时就往回走

笔记栏

了。在各国出版的世界地图上一律用蓝色虚线标出这两条纬度线。而其他纬度线和经度线则是用蓝色的实线标出。习惯上就把南、北回归线记为 23.5°S 和 23.5°N。

在南、北回归线之间的地带，都会受到太阳的直射，气候炎热，故称为"热带"。

在北回归线以北，或南回归线以南，阳光都是斜射。位置越北或越南斜度越大。于是，就有了"温带"和"寒带"之称。通常把北纬 66.5°（记为 66.5°N）称为"北极圈"。而把 23.5°N 至 66.5°N 这个地带叫"北温带"。中国绝大部分都处于北温带中。同样，人们把南纬 66.5°（记为 66.5°S）称为"南极圈"，而把 23.5°S 至 66.5°S 地带叫"南温带"。

南极圈和北极圈在世界地图上也用蓝色虚线标出纬度线。那么，在北极圈以北、南极圈以南就叫"寒带"了。

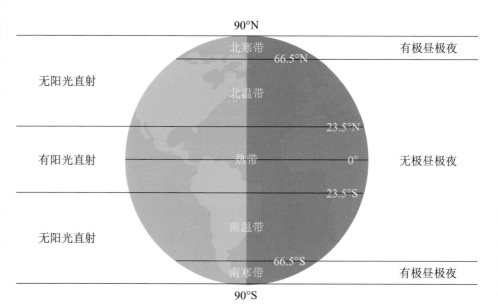

地球五带

　　对于太阳辐射一年四季在地球上引起的变化，我们中国自古就有细致的观察和研究，而且有详尽的记载和总结。最精华的部分就体现在对二十四节气的归纳。这可以说是中国对世界天文学和气象学的重大贡献。千百年来，它不仅指导着我们的农业生产和生活，而且它那种"千年早知道"的预测能力，常会让人拍案叫绝。例如，在大暑时，人感到酷热难捱；而在大雪时，雪花开始飞舞。当然，由于中国主要是在北半球温带地区，而且古人又主要在中原一带活动（黄河流域），因此归纳也难免有局限之处。不过不少要点已可与现代天文学接轨。

　　对我们在北半球的人而言，太阳直射在北回归线时，是北半球全年中白昼最长的一天（亦即夜晚最短的一天）。中国节气中的夏至就与此相呼应。故有"夏至至长"之说。古人也称这一天为"日北至"，就是太阳直射到最北边了，过了这一天太阳直射就开始向南移，白天也就逐渐变短（夜晚也就相应变长）。"至"者，"到"也，就是夏季的炎热来到了。接着以后的节气就是小暑、大暑了。"暑"者，"热"也。按中国节气推算，夏至一般在6月21—22日。

　　太阳直射南移照到南回归线时，则是北半球全年中白昼最短（夜晚最长）的一天。这与节气中的冬至相呼应。故有"冬至至短"之说。"至"者，意为：冬日严寒到了。接着是小寒、大寒，数九寒天。按中国节气推算，冬至一般在12月21—23日。冬至以后，太阳直射点又开始北移了，所以，北半球的白天又越来越长（夜晚越来越短）。

　　一年中，太阳有两次直射到赤道上，这与中国节气中的春分、秋分相呼应。这两天，白天与夜晚一样长。故自古有"春分秋分，昼夜平分"之说。春分后，太阳直射进入北半球，北半球开始昼长夜短的日子。天文学规定北半球的春天开始了。据推算，春分一般在3月20—22日。而秋分后，太阳直射进入南半球，北半球开始昼短夜长的日子。据推算，秋分一般在9月22—24日。天文学规定北半球秋天由此开始。而中国节气认为"立"才是开始，即立秋是秋天的开始，立冬是冬天的开始。一般立秋在8月7—9日，立冬在11月7—8日。而秋分正好把秋天分成两半，故曰"秋分"。总之，不管如何说，春分、秋分所指的太阳直射范围是准确的。至于人类感觉中的春、秋，各地也是有差异的，这里就不必深究了。

下面再说一个与太阳照射有关的有趣现象，那就是南、北极圈出现的极昼与极夜现象。

极昼，就是一天24小时都是白天（故又称"白夜"）。极夜，就是一天24小时都是夜晚。由于它们只是在南、北极圈内才出现，因而被冠上了一个"极"字。为什么会这样？也是因为太阳照在倾斜着绕着它旋转的地球上。就是那23°26'的倾斜角度，使得地球公转时，南、北两极中总有一个对着太阳，而且一对就是半年。这就是说，大约在每年的3月21日到9月23日之间，北极点会总是对着太阳，天空总是阳光灿烂，出现半年的极昼。同期，南极点却总是"看不见"太阳，黑暗笼罩大地，出现半年的极夜。反之，从9月23日至次年的3月21日，却是南极点出现极昼，北极点出现极夜的时期。

注意：南、北极点，就是指南、北纬90°附近。离开极点，向较低纬度走，极昼和极夜的日子就会减少。也就是说，不再是白天、黑夜半年一轮替，而是一个渐变的过程。

举例来说，起初是每天白天很短，然后白天所占的时间越来越长，直到后来全是白天，于是极昼来临。反之亦然。到了南、北极圈（即南、北纬度66.5°处），一年中就只有整天全是白天和整天全是夜晚的日子各一天。具体来说，每年6月22日北极圈上出现极昼；与之相反，南极圈上则出现极夜。而每年12月22日则相反，是南极圈上出现极昼，北极圈上出现极夜。

白夜的滋味新奇但不好受。试想想：终日天都亮着，打乱了人们的生物钟节奏，要睡觉时还得把厚厚的窗帘遮严实了。这也算是电磁波（可见光波段）带来的一点不便吧。其实，电磁波除了"施惠"人间之外，不只带来不便，还会引起不少烦恼。这对于越来越依赖电磁波服务的现代人类而言，也是一个提醒：事物总有两面性。就像吃药治病，有时也会有副作用一样。电磁波尽管会给人类带来百般好处、千般方便，但也会有"副作用"。人类必须善加调控，扬长避短，用它把我们的生活装扮得更加美好。下面就让我们来看看太阳电磁波还会照出什么烦恼和不快，以及人类又是怎样对待它们。

电磁波照射出烦恼和不快

前面已经谈到，太阳电磁波的活动，既有宁静和高峰的周期性变化，又有突然"发脾气"（例如耀斑）的时候。这些都会对人类正常的工作和生活带来不利的影响，特别是对电讯活动（通信、导航、雷达等）和航天活动（卫星、宇宙飞船等）影响更大。有时甚至对电力系统也会造成影响。为此，各国投入了大量人力、物力，并建有专门的观测研究机构，来探讨其规律，制定出对策。至今对于一些规律性的变化已较能掌控甚至做出预报，来降低其不利影响。例如：太阳电磁波引起电离层的规则变化对短波通讯的影响，人们早已有了成熟的办法（如改变频率）来应对。也有些影响由于摸清了规律，也可以用"惹不起，躲得起"的办法来避免损失。但对于太阳活动高峰以及突发事件造成的风险仍然十分被动。

例如，1989 年是太阳活动高峰年。黑子增多、耀斑爆发，对许多国家造成伤害。3 月 13 日至 14 日太阳活动爆发期间，日本的一颗通信卫星信号异常；美国有一颗卫星连轨道都下降了一些；而中国的气象卫星"风云 -2B"也被迫提前报废；在加拿大魁北克地区则影响更为严重，连电网也"受袭"，600 万人遭停电 4 小时；美国和瑞典也有部分地区停电。又如，2000 年又是一个高峰年。7 月 14 日发生一次太阳耀斑和太阳风暴，曾导致短波通信中断，甚至引起日本广播卫星失控。

那么，是不是平常就没问题了呢？也不一定，要看太阳"发不发脾气"。

例如，2003 年，按说也不是高峰年。10 月下旬却出现耀斑。10 月 27 日中国北京、兰州、拉萨均因电离层受到强烈干扰，短波信号出现中断；10 月 28 日，日本也说他们的通信卫星信号一度中断，次日连数据中继卫星也因信号出现异常，大部分装置停止运转；10 月 30 日，美国人也说卫星通信受到影响，导致加州森林大火的灭火行动指挥不灵。

再如，2005 年，也还未到高峰年，可是年初的一次太阳风暴就导致北京、广州、海口、兰州、乌鲁木齐等地电离层观测站发射的短波信号发生大面积、长时间中断。

还曾有报道称 1959 年 7 月 15 日，一次太阳爆发居然引起"地球的自转速度突然减慢了 0.85 毫秒"！

看来还真是麻烦！这使人想起十年前那一场令人感叹的惊恐和混乱。在2009 年有些敏感的美国科学家开始提醒人们：要为 2012 年另一次太阳活动高峰年的临近做好准备，以免到时手忙脚乱。因为据说他们发现，那两年太阳已开始"蠢蠢欲动"了。英国《新科学家杂志》网站报道，美国科罗拉多州立大学的太空气候专家贝克提出了一份报告，大意是说，我们正在离可能出现的灾难的边沿越来越近，未来的太阳风暴可能引起人口密集地区的电网崩溃，从而引发一个"多米诺骨牌效应"，即：没有了电，水泵就打不起水、油泵就送不上油、电动机车就拉不动列车、商店里也卖不了货物、电讯网络也被迫中断，人们将无法生活。这一切并非危言耸听，因为 1989 年加拿大的魁北克就小规模预演过。因此必须警惕，早日研究对策。本来，这是个严肃的、理智的提醒。可是，难免就有人要"杞人忧天"了。

ABC 新闻网站出现了这样的标题：《是否一场"卡特里娜飓风"的太阳风暴正在酝酿》（注：2005 年 8 月 25 日，"卡特里娜飓风"从美国佛罗里达登陆后，又横扫墨西哥湾沿岸各州，导致惨重损失。特别是新奥尔良市，几乎被摧毁）。

FOX 的标题则是：《强烈的太阳风暴可能让美国数月内陷于停顿》。

而好莱坞就更加来劲了，还配合着某些所谓"2012 年 12 月 21 日世界末日"的宗教渲染，推出了一个灾难大片，名字就叫《2012》，并于 2009 年 11 月 13 日在全球 105 个国家（包括中国）同步上映，而且一下子登上了票房冠军的宝座。这部由灾难片大师罗兰·艾默里奇斥资 2 亿美元打造的影片，既然已与我们的主题扯上了关系，不妨我们也来扫视一下，也算是一个花絮吧。

　　影片的主题是：人类对生态系统的破坏，导致毁灭地球的灾害。片中以主角杰克逊一家逃难为线索，把迄今人们能想到的天灾（洪水、地震、海啸、飓风、泥石流……）都搬上了银幕。在 160 分钟的影片中，用电脑合成的特技镜头高达 1400 个（平均每分钟 9 个），把"世界末日"的恐惧推向最高潮。而最大的噱头竟然是：在地陷楼塌（连美国白宫都未幸免，洛杉矶也都消失）的恐惧中，主人公唯一的希望是根据一张神秘的地图，去寻找能拯救人类的"诺亚方舟"。而当他打开地图时，地图上赫然写着："CHINA。"而那个方舟也是"中国制造"。全世界的幸存者与主人公一起在中国四川登上了逃离毁灭的方舟……

　　电影是虚幻的，但在一笑之后，也请你去严肃地思考一下，也许这部电影真的有一个潜台词，那就是："人类呵，要珍惜现在，珍惜自己拥有的一切，珍惜自己赖以生存的地球！"

花絮归花絮，太阳辐射的烦恼，也的确让科学家伤透脑筋。说多了会造成"混乱"，说少了人们又会放松警惕。怎么办？还是加紧观测研究，找出规律，想出对策才是上策。因此，"日地关系学"已经成了一门新兴的边缘科学。它研究太阳的辐射变化对地球环境的影响，研究由此导致的地球表面、低层大气、电离层、磁层以及地球的生物圈等之间的关系之演变，以提高人类预测环境变化的能力，包括对天气和气候、宇航环境和生物圈状况的预测，并由此又派生出了空间环境学和空间气象学等新学科分支。而这对于工农业生产、能源资源、交通运输、通信广播、航空航天、水文气象、国防建设、国家安全以及人类健康都有重要的意义。

就在那些年，各国都采取了不少措施，中国也不例外，下面就来看看早在十多年前就已采取的一系列措施。因为灾难片虽然荒诞，但太阳活动高峰到来却是科学的论断，不得不防。所以，中国除了在天文、地理、物理、化学等基础科学方面下功夫外，还采取了许多先进的高技术手段，组织了地基和空基的综合观测，不仅健全了地基观测网站，而且发射了"资源卫星""风云卫星""海洋卫星"等三个卫星系列来检测陆地、天空和海洋，以及"实践卫星"系列专门去探测高空环境。例如，1971年3月3日发射的"实践一号卫星"（代号SJ-1），测量了高空磁场、X射线、宇宙射线和外热流等空间环境。1981年9月20日用一箭三星的高超发射技术把"实践二号卫星"和"实践二号卫星甲/乙"送入太空。卫星上带有用于探测太阳活动、地球空间的带电粒子、地球和大气的红外线和紫外线辐射背景以及高空大气密度的11种仪器。1994年2月8日又发射"实践四号卫星"，主要探测近地空间的带电粒子环境及其对航天器的影响。

2008年9月6日又用一箭双星方式成功发射了"环境与灾害预报小卫星A/B星"，使环境监测达到国际先进水平。

同时，中国也广泛参与国际合作研究。例如，中国参加了"国际日地物理计划"（英文缩写为 ISTP），该计划是由中国发射两颗卫星与欧洲航天局发射的另外四颗卫星协同实现世界上首次对地球空间六条轨道的同步联合探测。为此，中国已于 2003 年 12 月 30 日和 2004 年 7 月 25 日分别发射了"探测一号卫星"和"探测二号卫星"，用于分别探测近地赤道区和近地极区两个近地磁层活动区的电磁场和高能粒子的时空变化规律。

如今，日地关系学、空间环境学和空间气象学已取得丰硕成果。为了配合电力、电讯和航天事业的发展，中国已在国家气象局中组建了"国家空间天气监测预警中心"，以便统筹地基和空基天气的监测，建立监测数据的实时收集、处理系统，并实时发布空间天气现报、警报与预报，类似于日常天气预报。该中心已于 2004 年 7 月 1 日开始进行空间天气的日常预报，下面是一个预报实例：

时间：2009 年 12 月 26 日 8 点 59 分 57 秒

过去 24 小时空间天气综述：过去 24 小时，太阳活动水平低，不会爆发 M 级以上耀斑，太阳风速度从 350 千米 / 秒下降到 280 千米 / 秒，目前在 380 千米 / 秒左右；

地磁活动平静，地球同步轨道高能电子通量低；

电离层天气平静。

未来三天空间天气预报：预计未来三天，太阳活动水平低，爆发 C 级以上耀斑的可能性不大；

地磁活动平静到微扰，地球同步轨道高能电子通量低；

电离层天气平静。

下面就让我们再来举例介绍一个成果：对"日凌"现象的研究。

如今卫星通信广播已经是人类日常生活的必需品了。可是，每年春、秋两季总会有几天信号会变坏，甚至中断。经专家们研究，这是由于来自太阳的射电辐射的干扰。学界称为"日凌"。从这里可见太阳电磁波对地球"恃强凌弱"。

在《生活在电波之中》"飞向太空"一节中，我们已经介绍过卫星通信的概念。而且谈到只要在赤道上空大约三万六千千米的轨道上安放卫星，它绕地球旋转时正好与地球自转同步，从地面看去它就是"静止"的，故称"静止卫星"。如果放上三颗（相隔120度），就可实现全球通信、广播了。

世界上第一颗静止卫星是美国于1964年8月14日发射的。

中国也是少数几个能自己发射静止卫星的国家。自1984年4月8日发射第一颗试验型静止卫星开始，中国的"东方红"系列通信广播卫星已经历了几代发展，而且从专用型发展到大型公用平台型，"鑫诺"系列通广卫星就是"东方红四号"大型平台的典范。从2008年6月9日发射了"中星九号"广电直播卫星开始，中国就已进入直播卫星时代。而整个赤道上空更是各国的卫星群星灿烂的局面。然而，就在这样一个与人们生活如此密切的领域，太阳电磁波却造成"日凌"的麻烦。

麻烦是这样发生的：因静止卫星的作用就是一个高空中继站（或称转发器），在通信时是点对点把一个地球站的信号转发给另一个地球站；在广播时是把地面电视台上传的节目转播给覆盖地域的收视方（个人、集体或地面转播公司），即点对面的业务。还有进行远程教育的单位（大专院校或所谓空间大众教育部门）也利用卫星传送教育数据资料。但不管是哪种用途，都有一个共同点，就是地球站（或个人的卫星接收机）都一定要有定向性好的天线（常用的是抛物面天线，俗称为"锅"）对着卫星。而静止卫星又是在赤道上空"挂着"。每年春分和秋分时节，上文已经说过太阳会直射赤道。因此，在这两个节气的前后，太阳、卫星和地面站就可能在一条线上。这时会怎样呢？我们已经说过，太阳辐射是全电磁波谱的辐射，包含强烈的射电辐射，其中微波辐射会顺利地穿过地球大气层，毫不客气地"光顾"人们地球站的定向天线。强大的射电干扰来了，轻则使信号质量下降，重则使通信、广播中断，甚至损坏接收设备。这就是所谓的"日凌干扰"现象。

日凌干扰是卫星通信广播系统必定遇到的、基本定时的射电干扰，它每年都会发生两次：春分节前发生一次和秋分节后发生一次，每次持续时间一般几天，多则一个星期，常发生在中午前后，每天大约持续5~10分钟。这种性质的干扰只影响地面站的下行（接收）链路，不会影响上行（发射）链路。至于发生的具体日期和时间，随不同的卫星、不同的地球站及其天线的电器特性而变，与所在的地域也有关。一般说来，纬度越高，发生越早；越低，发生得越迟。既然发生是必然的，那么对付的办法一是深入研究，准确预报；二是重要业务躲过该时段。最"保险"的办法是二手准备。

例如，每年三月要开人大和政协"两会"，为让观众顺利收看有关电视，电视台采用过中央台与北京台同时直播，但用不同的卫星转发的办法。当其中一个台所用卫星临近"日凌"时，另一个台的卫星仍能保证直播的进行。经过这些年的努力，如今对于日凌的时间，已能较准确预报了，这也是太空天气预报的一项重要发展。

地球……辐射着电磁波的家园

笔记栏

由人体体温到电磁辐射

到此为止，我们都在讲太阳电磁波及其光临地球的故事。你可能会问：难道地球自己一点"本事"也没有吗？

这问题，问得好。作为地球的子民，也不能"妄自菲薄"。当我们高歌太阳光芒万丈之时，也必须注意到：地球和在它的怀抱里生长的万物，包括我们人类在内，本身也辐射着电磁波、放射着光芒！

这事儿，乍一听也许有点玄。其实，只要先问你一个问题，你也就入门了。

请问："你知道自己体温是多少度吗？"

"不发烧时 37℃ 左右，这是常识。"

是的，正因为是常识，一般人就不去研究已经是"常识"的东西了。而科学童话却这样示范：苹果往地上掉是常识，牛顿却悟出了万有引力的道理；水开了冒出蒸汽也是常识，瓦特却想出了蒸汽机的道理。对于人有体温这个常识，有人也能悟出电磁辐射的道理。当然，人的体温问题还有许多生理、医学方面的道理，不过已超出本书的范围。在这里我们只介绍电磁辐射方面的道理，即热辐射的道理。欲知详情，请往下看。

这是红外热像仪拍摄的喷气式飞机正常飞行的画面——它难道是在"喷火"吗？

地球和万物都辐射电磁波

什么是"热辐射"？

我们先从一个故事讲起。有道是"无巧不成书"，这故事仍然同太阳电磁波有关。

太阳电磁波照射大地，带来了光明和热力，本是常识无人问，偏偏有人想刨底。这个人就是英国的天文学家赫歇尔。

他想：牛顿先生早在 1666 年就已经用三棱镜折射，搞清了太阳光原来并不是单色的"白光"，而是由许多颜色的光组成的复色光，并且是一个连续的红、橙、黄、绿、青、蓝、紫七色逐步过渡的光谱。那么它发出的热又是怎么分布的呢？是不是也有个"谱"？

说干就干，1800 年，他用水银温度计开始逐个测试太阳光谱中各种彩色光的热效应。他也是用分光三棱镜先把光线分开，然后进行测试。却发现：热效应（温度计上面指示）从紫光到红光逐渐增大，到达红光后不但未停止，而且最大的热效应却还在红光之外。

于是，他断定：在太阳光谱中，人们可以看见的红光之外，还有一种人们看不见、却能感觉到它的热的"光线"。这可是他亲自发现的。

取个什么名字呢？

叫"热线"吧？不好，其他光也有热。

既然在红光之外就叫"红外光"吧？

也不好，没有见到"光"。

那就叫"红外线"吧！

对，就叫"红外线"！

于是"红外线"就"诞生"了。这是人类在认识电磁波谱上的一个飞跃。

从那以后，人们对红外线又进行了许多深入的研究，证实了红外线是波长介于可见光的红光和无线电波的微波波段之间的电磁辐射。这样，电磁波谱的下半段就都连接起来了。

从事红外科技的人们，通常把波长从 0.76~1000 微米（1 毫米）范围的电磁波划为红外线波段。并为研究工作方便起见细分为四个更小的波段（参见第一章的"电磁波家族"，不同学科对波谱的划分略有不同）：

近红外为 0.76~3 微米；

中红外为 3~6 微米；

远红外为 6~15 微米；

超远红外为 15~1000 微米。

由于红外辐射给人的感觉是热，常常有人泛称其为"热辐射"。其实，这是不太严格的。为什么呢？因为正如前面在给红外线取名字时已提过的，其他波段的波也有热效应。就是说热辐射的"谱"也是连续的，波长覆盖整个电磁波谱，事实上"热"也是电磁波的特性之一，只不过红外线更"热"一些而已。

虽然在许多场所用红外线的热效应来进行加热、烘烤和理疗，但也有许多场所却并不是直接利用红外线的热效应，例如红外通信、红外遥控等。关于红外线的应用我们后面还会提到。

科学研究发现存在一个"最低温度"，即 -273.15℃。这个温度人们只能做到尽可能接近它，但却达不到它，故称其为"绝对零度"，记为 0K，"K"因英国科学家开尔文勋爵而命名。

区别于日常用的"摄氏温标""华氏温标"，开尔文提出了"开氏温标"，又称"绝对温标"。正因为它"绝对"，因此已成为科技工作中广为应用的温标。该温标的每一度的间隔与摄氏温标相当，但摄氏温标的零度是它的 273.15 度（即 0℃ =273.15K 或 0K= -273.15℃）。

科学家们进一步发现：温度高于绝对零度的任何物体都产生电磁辐射。于是温度（或者说"热"）就和电磁波联系起来了。既然是由"热"引起，这就叫"热辐射"了。这个"热"不是我们日常生活中所说的热。

在日常生活中，冷和热是以人的体温为标准来衡量的，低于体温，用手摸，就感到冷；高于体温，用手摸，就感到热。而在科技领域，只要高于绝对零度，就是"热"了，而且就有热辐射了。例如，在宇宙深空，温度极低，只有3K（即 -270.15℃），也有热辐射，即"宇宙微波背景辐射"。

既然我们人类正常体温是37℃，也就是310.15K，比宇宙空间"热"多了，当然会辐射电磁波，波长大约在9~10微米。有意思吧，原来我们自己也是电磁波辐射源。也就是说，即使没有任何天然的、人造的电磁波，你照样生活在你自己和你周围的人们所辐射的电磁波之中。

研究表明，物体的热辐射有两个重要的规律。

其一是，物体热辐射的强度和波长，取决于物体的温度，而且主要是表面温度。温度越高（也就是越"热"）辐射的波长越短，辐射的能量越高。人们把物体辐射强度随波长的分布称为物体的"辐射波谱"。用波长为横坐标，强度为纵坐标所画出的强度随波长变化的曲线就叫"辐射波谱曲线"。整个图则叫"辐射波谱图"。

其二是，任何物体既能热辐射电磁波，同时也能吸收电磁波。辐射能力强的物体，吸收能力也强。当辐射与吸收相等时，就说它达到了"热平衡"。在热平衡状态下，物体的温度为一个确定的值。例如，人体达到热平衡时，体温为37℃。

为了研究物体热辐射性质，需要一个理想的热辐射体作为标准的比对源。于是人们就设想了一个称为"绝对黑体"（简称为"黑体"）的热辐射源，规定它能完全吸收入射波，而不产生反射和透射，也就是说它是一个吸收效率最高（百分之百吸收）的物体。自然界中当然不存在这样的绝对黑体，最多能接近它。也就是说实际物体不那么"黑"，我们可以称它为"灰体"，即它的吸收效率只是百分之几十，也会有一些反射和透射。

在一定温度下，物体会在某一个波谱范围内有明显的热辐射，这个波谱范围称为该物体的"辐射波谱"。通常在该波谱范围内会有一个辐射峰值，与该峰值对应的波长，就称为峰值波长。例如，地面可近似为温度 288K 的黑体，它的热辐射波谱范围约为 4~30 微米，其峰值波长约在 10 微米处，即在红外波段内；又如太阳，我们可以把它近似地看为温度是它的光球温度（约 6000K）的黑体，它的热辐射波长范围约为 0.15~4 微米，其峰值波长约为 0.5 微米（即5000 埃），在可见光波段内。研究表明，温度低于 1998K 的物体，其热辐射的电磁波波谱主要在红外波段内。

如果没有太阳的照射，地球表面及地表附近的大气温度都很低的，这点你只要想一想南、北极，想一想昼夜的温差就很容易理解。地面吸收了太阳辐射使自己更"热"，达到一定温度的同时，地面又以热辐射的形式向外辐射，辐射波谱由其温度决定。这样就会有热、温、寒带的地区差别，又会有春、夏、秋、冬的季节差别，所以人们通常假定一个地面的平均温度，设为288K。

实际上地面发出的辐射，除了它自身的热辐射外，还有两部分：其一是，太阳辐射到地面而被地面反射回去的电磁波；其二是，太阳辐射被大气散射的电磁波也有一部分会到达地面，而地面也会对这部分波反射。因此，地面向上的总辐射是这三项之和。这些辐射小部分会透过大气返回宇宙，而大部分会被低层大气所吸收，主要是被大气中的水汽还有二氧化碳吸收。

现在来看看低层大气，它吸收太阳和地面的辐射后也会使自己更"热"，同时像一切其他物体一样，也向外热辐射。大气总辐射也包括三部分：即自身热辐射和散射、反射"别人"（太阳、地面）的辐射。

大气的辐射一部分向上，另一部分向下又返回地面（这可称为"大气逆辐射"），使地面实际损失的热量比以长波辐射的形式放出的热量要少，所以，大气就起了对地球的保温作用。学者们做过估计，在正常情况下，如果没有大气逆辐射，地表平均温度会下降到 -180℃（即 255K），而地面的平均温度为288K。这就是说地表温度由于大气逆辐射提高了 33 度。学者们把这种保温作用形象地称为"温室效应"。

为什么呢?因为学者们想象大气的作用好像对流层顶部有一个像植物园中的温室那样的"玻璃屋顶"(地面的长波辐射在这以下基本上已被吸收完),这个"玻璃屋顶"与地面就构成了一个大的"温室",对地面起了保温作用。如果没有这个"温室",人类将在天寒地冻的环境中艰苦度日。学者们又进而把能吸收地面辐射,从而产生温室效应的大气成分统称为"温室气体"。而在30多种温室气体中,学者们又发现,最起作用的主力军就是二氧化碳。于是,二氧化碳就常常被视作温室气体的同义词。

值得庆幸的是,大自然"安排"得如此和谐美妙:人类和动物的新陈代谢是呼出二氧化碳,吸进新鲜氧气;而植物的光合作用则是"吸"进二氧化碳,"呼"出新鲜氧气,加之占地球面积约四分之三的海洋不停地上下翻滚,将多余的二氧化碳又溶入其中,于是大气中的二氧化碳就收支平衡了。二氧化碳含量稳定,对"温室"里的温度也就起着稳定的作用。

到现在为止,我们只是笼统地谈了谈地表辐射。但是,这地表却不简单,不仅有陆地、海洋、岩石、沙滩,而且还有花草、树木,成千上万。既然它们都不是绝对零度,那它们就一定有热辐射;同时,太阳电磁波普照大地,当然也照到了它们。既然它们又不是绝对黑体,那它们就一定既有吸收,也有反射和透射。一句话,不同的地物会有不同地物的辐射波谱和反射波谱,这是识别地物的物理基础。在实际应用中,它们都可以用专门的辐射仪器来测量,并绘出波谱图。实测表明,地物的总辐射(热辐射及对太阳辐射的反射),也可以用前面介绍过的分段抓主要矛盾的办法来描述:

在可见光和近红外波段(即0.38~3微米),主要考虑地物对太阳辐射的反射,而且自身辐射可以忽略不计。

在中红外波段(即3~6微米),自身热辐射和对太阳辐射的反射都要考虑。

在远红外和微波波段(即大于6微米),主要考虑地物自身的热辐射,而它对太阳辐射的反射却可以忽略不计。

地物自身的热辐射，除了与地物的温度和辐射波长有关外，还与地物的种类、物理化学特性、厚度以及表面状态等许多因素有关。所以，掌握它的辐射波谱，不仅可以用以区分不同地物，而且可以用于区分同一种地物的不同状态。例如，在相同的温度下，钢和水泥两种地物，在红外波段的辐射差别不大，但在微波波段则差别明显，这样，人们就可辨别哪个是高楼大厦，哪个是导弹发射架了。又如，对同一地物而言，在同一波长下，根据它的辐射不同就可知道它温度的变化，从而判定它的状态。对人体的无接触测温，就是根据这个原理。

地物的反射波谱，比之自身热辐射就更复杂一些，因为除了考虑本身因素外，还要考虑太阳电磁波的情况，例如波段、入射方向和时间等。对于波段因素如何考虑，我们前面已讲了原则，即在可见光和近、中红外波段才考虑它。照射角度和时间的影响也是不难想象的。因此不同的地物反射会不同，而同一地物在不同时间的反射也会不同，这就给人们区分地物及地物的状态提供了方便。

如前所述，地物既然不是绝对黑体，就会对入射的电磁波有吸收、透射和反射。吸收的能量转化为热能使地物的温度升高，或者部分被植物用来进行光合作用，变为生物能。至于透射，一般物体对可见光都无透射能力，有些物体对某些特殊波段的电磁波有透射能力。而反射则是普遍存在，因而反射波谱的研究最有价值。

反射，一般来说有三种情况：一种是理想的反射，就像镜面反射光线那样，故称"镜面反射"。另一种也是理想的情况，即向四面八方均匀反射，也就是说向任何方向反射都相等，可称为"漫反射"。第三种是介于这两种之间的反射，这是代表绝大部分实际情况的反射，可称为"方向反射"，即有的方向强，有的方向弱。地物的反射波谱差别是很大的。下面举几个例子来看看（介绍可见光与近红外波段的情况，因为这时以反射为主）。

绿色植物：在可见光波段中，位于 0.55 微米附近有一个小反射峰，这正好是在绿光波段，植物的"绿色"就是由它决定；在近红外波段中，0.76~1.3

微米这一段反射较强，在 1.1 微米处有个高峰，而 1.3~2.6 微米反射下降，这是因为植物含水量的影响，吸收增加，其中还有几个低谷。总的来说，近红外波段反射比可见光波段强，只不过红外线看不见只能靠仪器测试，而我们人类看到的是绿色。另外有病虫害时其反射会下降；不同的植物类型或者同一植物的不同生长期反射也不相同。

陆地：一般说来，各种土壤都没有明显的反射峰谷，土质越粗、有机质含量越高或者含水量越高反射越低。例如，沙土比泥土反射高；干土比湿土反射高；黏土比黑土反射高。至于岩石，差别就更大，没有一个统一的变化规律，受很多因素影响，例如矿物成分和含量、含水情况、颗粒大小、风化程度、表面状况等，因而各不相同。

水体：反射主要在蓝绿光波波段，其他波段吸收都很强，近红外就更强，所以我们看见的水呈绿或蓝色。水质变化时反射也会不同。例如，水中泥沙增加时，可见光波段的反射就会增加，而且峰值会出现在黄红区，于是你看见了"黄"河。而水中叶绿素含量变化时，反射也不同。特别是蓝绿光对水体还有一定的透射能力，因而在清水中人们可以看到浅水下的情况（鱼类、水草、岩石等）。

这里要顺便提醒少年朋友一下，光射入水的时候是有折射的。由于从光疏介质（空气）到光密介质（水），折射线是向法线偏移，而人们总是感觉视线是"直"的，这样就会造成水浅的错觉，一跳下去，才发现水很深，危险！

好了，地物的电磁波问题就先讲到此。在过去，人们区分地物，是通过它的图像，即地物长得什么样子。而在了解地物辐射的电磁波之后，人们就更深刻地认识了地物，即地物是有波谱的。图像是它的外部或几何空间特征，而波谱则是它的内在或成分状态特征。它就像人的指纹一样，人的样子可能长得十分相似，但指纹却不同。例如，地上长的小麦，通过测量波谱，人们不仅可以把它与其他植物区分开，还可以知道它的生长状态——长势、有无病虫害、缺不缺水等。明确了这点，我们这一节的目的就达到了。而下节会有让人更为惊讶的奥秘。快往下看吧！

NASA 利用热辐射确定洋流的温度并为其上色，凉爽的绿色代表寒流，温暖的红色代表暖流

惊天动地的地球电场

看了地球和地球上的万物都辐射电磁波之后，你也许已经有点惊讶：原来即使没有现在这些象征文明、带来方便的电器和电子产品所发出的电磁波，我们已经生活在一个十分复杂的电磁环境之中——既有天上来的太阳电磁波和宇宙来的成千上万"尚未破解"的无线电"信号"和光辐射（其他辐射被挡在大气层之外了），也有地面和大气的长波辐射，还有地球上万物的热辐射。

然而，接下来的内容还会给你带来更多的惊讶。

在这一节中，要讲的是"地球电场"。这是一个"惊天动地"的场，一个你踩在脚下、行在其中，让你受益、令你惊恐的场。

在下一节中，将会介绍"地球磁场"。那是一个"温柔慈祥"的场，一个远在天边、近在咫尺、为你保驾、替你护航的场。

在下一章中，你还会"升"上太空，来鸟瞰抚育人类的地球上，那些你也许从未想过的电磁场。这许许多多的场，也同样是"天生的"，伴随着人类的生生世世。

多妙呵！原来我们早已生活在这么丰富多彩的天然电磁波之中，同时，我们又还在用劳动和智慧创造更多的人工电磁波，把人类文明推向一个个新的高峰，人类也将在这些电磁波的保驾护航之下去同宇宙的文明接轨……

好吧，现在就让我们进入这一节的主题。

先讲一个遥远国家的故事。这个国家叫津巴布韦，地处非洲东南角，如今已是一个中国游客频繁探访的旅游胜地。你可能领略过它的维多利亚大瀑布的雄伟，也赞叹过"石头城"的神奇，还观赏过黑犀牛和鳄鱼之乡的特产——大象（津巴布韦的大象每年以 5% 的速度增长）。可是，你可曾知道津巴布韦还有一项吉尼斯世界纪录，而这正与本节的主题有关。

1975 年 12 月 23 日，在津巴布韦这个热带国家的东部工商重镇乌姆塔利市原本晴朗的上空，突然乌云密布、雷电交加、大雨倾盆。在市郊田野里的 21 个农民，慌忙一起躲进附近的一座茅棚之中。这时，一道闪电直泻而下……悲剧发生了，21 人全部葬身火海。这是吉尼斯世界纪录记录在案的、历史上有记载的最大的雷电伤害事件。

根据统计，津巴布韦已经与肯尼亚并列为全球因雷电导致伤亡最多的国家了。雷电带来不幸是人类挥之不去的梦魇。如今，联合国已经把它列为"最严重的十大自然灾害"的老三，排在火灾和洪水之后。这是指造成损失的程度。然而，若论发生的频繁程度，它却是老大。

就全球而言，可以说无时没有雷电。流行的说法是：每秒钟有 100 次雷电，其中有 20% 左右击中地面，伤毙人畜、引发火灾、毁坏建筑、干扰和破坏电力电讯设施。据统计，美国每年雷毙人数约 400 人，财产损失达 2.6 亿美元。

中国也是一个雷电灾害频发的国家。特别是近年来城乡高楼频建，电力、电讯设施普及，雷电灾害隐患剧增。以致原本是气象部门更关心的天气变化，如今也成了保护人民生命财产安全的公安部门的"重点防区"。不信，你打开中国公安部的网站看看，上面举出事例让你警惕，还列出防护措施希望你照办。以下是从中国公安部网摘抄的几个片段：

"湖南省溆浦县葛竹坪镇山背村是个罕见的雷区，近十多年来，曾先后被雷击死 8 人，击伤 115 人，其中重伤 24 人。还击伤耕牛 5 头，击死、击伤猪 50 余头，击死鸡、鸭、鹅等家禽 450 多只。村里变压器也先后 5 次被雷击毁，房屋、树木、庄稼被击毁数十次……"

"1992 年 6 月 22 日，雷电居然找上了中国国家气象中心的大门。那天，国家气象中心计算机室遭到雷电打击后，大型与小型计算机突然中断，六条北京同步线路和一条国际同步线路被击断，另一些计算机终端、微机等设备严重受损，中断工作 46 小时，造成严重经济损失，真可谓'大水冲了龙王庙'……"

"1993 年 7 月 16 日，北京一座居民楼内 200 台电视机同时被雷击中损坏。1994 年 5 月 7 日，广州市南方日报社近百台电脑毁于雷击……"

另外，根据中国气象局雷电防护管理办公室不完全统计，雷击平均每年造成近千人伤亡。

这是多么触目惊心！

雷电是什么？它是地球大气电场最暴烈的"表演"，是一种集声、光、电于一体的大气放电现象。

电从哪里来，说到头是从物质本身来。任何物质都是由分子组成，分子又是由原子组成，而原子又是由带负电的电子和带正电的质子所组成，这已经是人们的常识。平常它们相互中和对外不显电性。当受到外力作用时（机械的或电磁的）它们的电性就会显现出来，例如摩擦起电。古希腊人在公元前六百年就已发现，当时他们从波罗的海沿岸进口琥珀，用来制作首饰，当珠宝商们用毛皮擦拭这些琥珀时，他们发现琥珀竟然可以吸引羽毛。希腊人把琥珀叫

"elektron"，这也就是后来英文中"电子"一词（electron）的来源。他们当时只是观察到这种"神灵的魔力"，并不知道这就是摩擦产生了静电。

现代科学研究表明：在一切电磁现象中，静电是最普遍、最容易发生的，甚至可以说无时无刻不在产生。当你在带尼龙成分的地毯上行走后，又去接触金属（比如门把手），就会有触电的感觉；甚至当你脱毛衣时，也会在头发、毛衣间产生噼噼啪啪的电火花，这就是静电放电。

研究表明，静电有三种产生渠道：

第一种是摩擦。这是最普通的方法。任何两种物体接触后又分离，就会产生静电，而且材料的绝缘性能越好，就越容易摩擦生电。不光是固态物质，气态、液态也都一样；也不光是大的物体，小到分子、原子也都如此。

第二种是感应，就是所谓"静电感应"，这是针对导体而言。因为，电子能在导体表面自由流动，因此如果将它置于电场中（即让带电的物体接近它），由于同性相斥，异性相吸，正负电荷就转移了。例如，用带正荷的物体靠近它，则负电荷向靠近该物体侧聚集，反侧即带正电荷，这就叫静电感应。如果把外界带电物体移开，导体又会恢复原状，不显电性。因此，如果你想要把静电感应所得"保持"下来，可以在外界带电体未移走前就把该导体"切"成两半，这样靠外界带电体这一半就保留了负电荷，另一半保留了正电荷。

第三种是传导，这也是针对导体而言。既然电子能在导体表面自由流动，如果与带电体接触，必将发生电荷转移，这就是传导，也是导体中形成电流的原理。

想当初，意大利帕维亚大学教授伏打，就用实验证明了锌、铅、锡、铁、铜、银、金、石墨等是一个电压系列，当这个系列中任何两种物质相互接触时，顺序排在前面的就会带正电，而排在后面的就会带负电。于是，他把被食盐水浸湿了的布夹在银和锌片之间，构成一个小"电池"，并且把多个这样的小电池层叠起来，即"串联"起来，就制成世界上第一个电池——"伏打电池"。后人为纪念他，用他的名字作为电压的单位，即"伏特"。

当用导线连接电池与灯泡构成回路时，电流就在导线中流过，灯泡也就亮了。实质上是导体中自由电子从负极"跑"到正极，形成了电流。不过富兰克林（就是那个在雷雨放风筝的科学家）当初做实验时，却认为电流是从正极流出来流到负极，因此，定义电流的"正方向"是由正到负，从此沿用至今。就是说：电子运动的方向与人为规定的电流方向是反的，或者说电流方向是正电荷流动的方向，这点需要记住。

由上可见，接触（即摩擦和传导）能产生静电，不接触（即感应）也能产生静电，静电就随处可见了！

起初人们也不太把它当成一回事，特别是当空气湿度高于50%后，静电就不易积累，其现象也就不明显了。然而，随着科技的发展，静电的危害日益明显。在石化工业中，静电放电引发火灾。在航天工程中，甚至使火箭爆炸。特别是在电子工业中，集成电路元器件日益密集，耐压也就日益降低，静电更成了高密度元件的第一"杀手"。这是因为静电产生的电压通常都很高。例如，脱毛衣外套时，产生的静电电压为2800伏，脱棉质衣服时电压为2600伏，脱化纤衣服时高达5000伏。一般说来在静电电压为2500伏以下时，人体感觉甚微。但工业设备就不同了，比如，集成电路器件在静电电压为几百伏（有时甚至几十伏）时，就被破坏了。不仅如此，除造成击穿外，静电放电产生的电磁干扰对电子产品也是一大威胁。据统计，静电问题每年造成美国电子工业损失几百亿美元。

那么，如何防止静电的影响呢？

我们可以采用静电屏蔽的方法，即把物体置于导体空腔之中。这是因为，任何导体，在静电场中其内部电场必为零。因为如果不为零，其上的电荷就会产生运动，直到电场为零时才能静止，学者们称之为"静电平衡"。也就是说，这时的导体是个等电位体（导体内任何两点之间没有电位差）。而且，不论导体本身带不带电，也不论导体是空心还是实心都是如此。这就是静电屏蔽的理论基础。

我们再仔细看看。如果空心导体内的物体不带电，这时当空心导体外有电场时，导体表面因静电感应会产生电荷移动，一直到它产生的电场与外电场相抵消，使导体内总电场为零为止。所以，外电场对空心导体内的物体没有影响。这就达到了屏蔽外电场影响的目的。

反之，如果空心导体内的物体带电，它就会在导体壳内壁因静电感应聚集异性电荷。而在导体壳外壁则聚集等量的同性电荷，这时，壳外空间就会有电场存在。也就是说，导体空腔内的电场对外边是有影响的。但是，如果我们把导体接地，这时外壳上的电荷就会消失（可以理解为"跑到地里去了"，实际是与地里的电荷中和了，即与地等电位），这时空心导体只有壳的内壁有与壳内带电体等量异号的电荷，两者在壳外的电场相抵消，壳外总电场就为零了。

由上可以看出：导体接不接地，壳外电场都不会影响壳内电场；而要想壳内电场也不影响壳外电场，导体就必须接地才行。所以导体接地就可达到内外彻底屏蔽，称为"全屏蔽"。在实际应用中也可以用金属网代替金属壳。

以上这些关于静电的概念，不仅对了解日常生活中的静电现象有用，而且在工业中更十分有用。在后面我们还要用它来解释雷电和地球电场。在工业中，人们不仅利用静电屏蔽保护电子设备的安全，而且也利用静电原理做出了许许多多的产品，例如静电除尘、静电喷漆、静电纺纱、静电复印、静电制版，等等。在少年科技馆中，你还可以看到人体静电表演，当你触摸静电发生器的球体时，你的头发将一根根竖起。

为了进一步解释地球电场问题，我们再把少年朋友学过的电学知识做一个归纳和延伸：

在电磁学中，电荷所带电量的多少用"库仑"来表示，1库仑的电量相当于 $6.24×10^{18}$ 个电子所带的电量。

在电场力作用下，电荷流动就形成电流。电流的强度用"安培"来表示，1安培就是1秒钟内流过垂直于电流流通方向的截面上的电量为1库仑时的电流强度。例如，我们说电流强度为20安培，就是说每秒钟流过截面的电荷电量是20库仑。

单位正电荷在电场中某点处所具有的能量称为该点的"电位"，单位是

"伏特"。两点之间的电位之差就称为"电位差"或"电压"。在理论上是假定无限远处电位为零，实用中假定地球的电位为零。

单位正电荷在电场中某点所受之力定义为该点的"电场强度"，单位是"伏特/米"。

介绍了静电和电场如何描述之后，我们就可以仔细看看雷电现象以及和地球电场有关的问题了。

关于雷电的起因，特别是它们电荷形成及聚集的机制，学术界有各种解说：有的说是摩擦起电，有的说是破碎起电，有的说是温差起电，有的说是切割了地磁力线，还有的说是化学反应，等等。但是，由于雷电现象过于短暂而复杂，因而暂时没有一种假设能完满论述它那电闪雷鸣的一切。不过总算还是能把它的现象解释得清晰多了。

下面我们用比较流行的解释，来看看雷电形成的过程：

在地球上空，特别是在炎热的季节里，冷、热空气的强烈对流形成一种"雷雨云"。这种云云体厚大、云冠高耸，厚达几千米。云中包含各种大气成分的分子，以及水滴、冰晶、气溶胶等大大小小的微粒。云层随气流上下翻滚之际，不仅切割地磁力线，而且带动其中的大气分子和微粒相互激烈地摩擦，甚至碰撞、撕扯。于是它们分别带上了正、负电荷，即云层中形成了大量的正、负离子，有的随气流上升（主要是正离子），有的下沉（主要是负离子），从而在云的顶部和底部分别形成了正、负电荷相对集中的中心，在云中形成电场。当这个电场逐渐积累，达到很高的强度之时（通常为20~50千伏/米，甚至高达400千伏/米），大气被击穿，产生火花放电。这时，原本绝缘的大气，突然间变成良导体，一股强大的电流脉冲（几万至几十万安培），在数十微秒的时间里，通过仅有几厘米的通道，划破长空，发出极亮的闪光。与此同时，通道中的大气急速升温至约两三万度，这个比太阳表面温度还要高3~5倍的超高温产生约30~50个大气压。在如此高压下，大气发生爆炸式膨胀，形成强大的冲击波，以每秒数千米的高速向四周扩散，冲向远方。强大的气浪压缩周围的大气，形成声波，发出震耳的雷鸣。闪光以30万千米/秒的光速传播，雷声以 340 米 / 秒的速度前进。所以，先见闪光，后闻雷鸣。雷电就如此紧凑而暴烈地形成了。与电闪雷鸣相伴随的往往是暴雨倾盆，因而气象界常统称为"雷暴"。

据统计，热带地区是雷暴的高发区。印度尼西亚堪称"雷暴王国"，而它的爪哇岛的茂物更成了"雷电之乡"，一年里平均有 322 个雷暴日。中国则以海南岛和广东的雷州半岛最严重，年平均雷暴日在 100 天以上。云南也是个"重灾区"。

如果说雷电只在天空"表演"，那仅会对航空造成威胁。但不幸的是，它还有大约 20% 以上要袭击地面。那是因为，包含电荷的近地云团（以带负离子的云团居多），使大地产生静电感应，形成"跟着"它的电荷集团（与云中电荷性质相反，通常为正电荷）。于是云、地之间形成强电场。当强到一定程度时，地面突出物、建筑物处堆积的电荷就与云中的异性电荷"联手"击穿大气。于是，在云、地间发生与上述云中放电类似的过程，一个所谓"落地雷"就向地面袭来。

一个普通的雷电，就有上亿瓦特的功率，与一座核电站的功率差不多。这样强大的袭击，通常会造成三个层次的伤害：

首先是直接雷击（称为"直击雷"或"侧击雷"）。这是最直接的伤害。强大的闪电直袭，造成物毁人伤的悲剧。

其次是间接雷击（可称之为"感应雷"）。这实际是一种二次伤害，有两种形式：一种是静电感应，即雷云的正电荷不仅在直击处，也在其他附近的线路上感应形成负电荷，当直击发生后，雷云电荷一瞬间消失，而未遭直击线路上的感应电荷一下子失去束缚，形成巨大的电流冲击；另一种是雷击产生的强大电磁脉冲，是一个交变场，会在周围线路和设备中产生电磁感应，从而造成损伤。这种感应伤害的范围更加广泛。

再次是引入性伤害。即雷电袭击到管线上，顺着管线侵入室内，从而造成人员和设备的伤害。

因此，防雷就成为一个重大的课题，摆在世人面前。那个冒着生命危险在雷雨中放风筝的人——富兰克林，不仅揭露了闪电的本质是云中电荷的存在，而且发明了人类第一代避雷针。

避雷针，其实是个"引电针"，它是利用尖端放电原理把云中电荷引入大地，以防过强电场的形成，也就从源头上降低雷电的风险。现代又研制了各种类型的避雷装置，但基本原理仍然如此。

防直击雷的避雷装置，一般由三部分组成：接闪器、引下线和接地体。接闪器是避雷装置的最前端，用它把"闪"接下来，即把云中电荷引下来，或者把地上电荷引上去，使云、地电荷中和。它又分为避雷针、避雷线、避雷带和避雷网几种类型。

防感应雷的避雷装置是避雷器，又称为电涌保护器。它把因雷电感应而窜入电力或电讯线路的高压电限制在一定电压范围内，以防止设备被击穿。

通常为了保险，还是两种措施一起使用，称为综合防雷。即使如此，也不能保证万无一失。

例如，北京首都机场可谓措施严密，1998 年还加装了由法国制造的 Pulsar 60 型提前释放电避雷针 18 套。然而，在 2001 年 5 月 3 日，一架波音 747 飞机在场内仍遭雷击，尾翼被击穿三个洞，并击伤了正在维修飞机的 7 名工作人员。

又如，美国肯尼迪航天中心，更是有严密的防雷安全系统，可是仍然防不胜防。我们来看看这个堪称"世界航天第一港"遭受雷电的例子：1987 年 3 月 26 日 4 时 22 分，一枚大力神 / 半人马座火箭载着卫星从肯尼迪航天中心升空，在 4700 米处遭遇雷击，损失高达 2 亿美元。

更夸张的事件是，同年 6 月 9 日，该中心发射场上有三枚小型火箭正待发射，突然雷电来袭，一个闪电之后，三枚火箭竟然自行点火，升空而去。其中一枚射出约 100 米，即坠入大西洋中，另两枚居然飞行约 4 千米后才坠毁。

可见雷电威胁多么严重。

防备森严尚且如此，可见防雷之不易。对于人员防护就更要百倍当心，必须加强宣传。

近年来，雷电灾害日益频繁，概括说来原因有三：

其一，雷电本身活动增多。在全球气候暖化的背景下，各种极端天气气候事件频繁发生，而雷电本身就是冷热气流活跃的产物。

其二，城乡日益繁荣。高层建筑增多，使得雷击率增加。

其三，对雷电敏感的设施增多。电力网、电化交通网、通信网的猛增，这些电器、电子系统都是与雷电有"缘"的。

一句话：雷电多了，招雷的因素也多了，危险自然多了。怎么办？我这里有一个建议和一个口诀，写出来供你参考。

一个建议是：搞清雷电的道理。

雷电，雷电，听到的是雷，触到的是电，雷只会吓人，电却可以伤人。所以，防雷的关键是防电。

电从哪里来？从天上（云里）来。

电要到哪里去？到地里去。

人为什么会触电？因为成了电的通路。电流流过人的身体，人就是一条把云中来的电荷引向大地的"导线"，这个"导线"有电阻。根据电磁理论：电阻不变，功率与电流的平方成正比。这个功率（也就是能量）变成了热能，就会烧伤人体。

所以，人要防雷电，就是千方百计不当这个"导线"。怎么才能不当"导线"？这就是下面的"口诀"，当雷电天气时，你应该如此这般：

保持干燥，与地绝缘。不靠凸处，不摸管线。

关好门窗，断掉电源。不上高山，离开水边。

不躲棚亭，不打雨伞。蹲在低处，没有危险。

稍微解释一下：

"保持干燥"。是因为越湿导电性越好，水是良导体。保持干燥，你的导电性就差了，也就当不了"导线"了。

"与地绝缘"。雷电要往地下"跑"，地上的电也想往上"跑"。与地绝缘，你也当不了"导线"了。

"不靠凸处"。离开任何凸出地上之处，特别是电线杆、大树、铁塔、旗杆、高墙以及一切可能尖端放电之处，当然自己更不能冒尖，在空旷之地更不能独立站在那里。因为离开了高物，人的身高就"矮子里充将军"了。

"不摸管线"。水管、电线、避雷针的引线、天线、暖气管都可能变成雷电的"导线"，你一摸就为它"分流"了。

"关好门窗"。雷电像"小偷"，它会从门窗甚至烟囱溜进来，特别是一种球形闪电（俗称"球形雷"）会"滚"进来。

"断掉电源"。墙上电插座与外界电网是通的，如果它遭殃，雷电顺着它就能光顾你家的电器了，而且万一有突发事件，人接触它也很危险。

"不上高山"。雷电季节不要登高，越高的地方离云层越近，越危险。

"离开水边"。连水边都不宜，当然更不宜游泳、划船了。

"不躲棚亭"。棚亭是凸出物，又是临时建筑，没有避雷针之类的设施，还记得津巴布韦的惨剧吗？

"不打雨伞"。特别是金属把柄的雨伞，水加金属尖端，你就成了"接闪"的连线了，非常危险。

"蹲在低处"。最好双脚并拢，这样没有电位差。蹲下姿势低，如果再找个低洼蹲下更好，当然别找积水的沟、坑。

总之，还是"一个建议"中那句话，不当"导线"，也离开任何可能的"导线"，枪打出头鸟，所以要"低调"一点。

好了，防雷电问题就简单讲到这里。要强调一下，雷电问题对少年朋友是个重要问题，在过去的许多雷电事故报道中，中小学生受害甚多，千万注意！

那么，少年朋友可能会问："能不能像天气预报或预报台风、海啸那样早点预报一下呢？"

这个想法很好，可惜目前还做不到。不是叔叔阿姨们不努力，实在是因为雷电的随机性太大了，目前全世界都还没有解决精确预测雷电发生的时间、地点、频次这个难题。客观地说，如今能做到提前一两小时预报就很不错了，而且误报率还难以控制。

有没有好仪器呢？有各种设备，如闪电定位仪、大气电场仪、雷电监测系统、多普勒雷达以及气象卫星等。大家都在努力，任务却很艰巨，就像地震那样，希望能有准确预报那一天！

看了这一节，少年朋友可能会发出感叹：地球电场太可怕了！不是什么好东西！呵呵！这可是一大误解！以偏概全了！就像人有怒气冲天、大发脾气的时候，大多数情况下正常人的脾气还是祥和的。地球电场也与之相似。下面就来讲讲地球电场这方面的问题。

温柔祥和的地球电场

　　全面说来，地球电场是很复杂的。因为我们赖以生存的地球是由地壳和围绕它的大气两大部分组成，所以地球电场也分为两大部分：一个是地壳电场，又称为"地电场"或"地球内部电场"；另一个是大气电场，又称为"地球外部电场"。

　　地壳电场也可分为两个部分：一个是地球地壳中本身的物理、化学作用引起的电场，称为"自然电场"；另一个是地球内、外各种电磁体系在地球内部产生的感应电场，称为"大地电场"。

　　大气电场也分为两部分：一个是风和日丽的"晴天电场"，另一个是风云变幻的"扰动天气电场"。前者不难理解。后者其实我们已经讲了一大半，那就是雷暴；还有一小半是指那些没有发生雷暴，但又使大气扰动，从而导致大气电场分布变化的天气现象，如雪暴、冰暴、沙尘暴以及其他降水过程等。显然，雷暴是扰动天气电场的主角。

　　先来看地球内部的自然电场。顾名思义，这类电场是地球内部自然形成的。各地地质结构不同，情况必然有异，因此是一种局部性质的电场。一个局部，一种成因，各不相同。常见的有三类：接触扩散电场、电化学电场和过滤电场。这些名字听起来都比较专业化，我们来简单解释一下。

　　接触扩散电场。在自然界中的岩石和矿物，从电的角度看它们，都是离子导电的导体。当两种岩层或矿物互相接触时，彼此的离子就相互扩散，在界面处就形成双电层，一边带正电，另一边带负电，从而形成局部"接触扩散电场"，一般电位差可达几十毫伏。

电化学电场。它是岩石或矿物的电化学活动形成的，形象地说就好像化学电池那样。比如一种金属矿体被地下潜水分割，潜水面上富含氧气，离子溶液具有氧化性质，潜水面下缺氧，离子溶液具有还原性质，因此矿体上部带正电，下部带负电，形成一个稳定的自然电场，电位差常能达到几百毫伏。

过滤电场。它是地下水在多孔的岩石中流动形成的，所以又可称为"渗流电场"。研究表明，许多岩石的孔壁天生就有吸附负离子的能力，当带等量正、负离子的地下水流经这些空隙时，水流中的负离子被孔壁吸附，而正离子顺流而下，于是水的上、下游处两端的岩石间形成与水流方向相反的电场。

总之，不管具体形成机制如何，少年朋友只需建立这样一个观念：地球地质结构的物理、化学作用，会在不同的岩石或矿体中形成局部特异的自然电场分布，这既是地球内部自然电场的一大特点，也是一大优点。利用它人们就可以找矿或找地下水，这种方法就叫"电法勘探"，如今已广为利用。

现在来介绍地球内部的"大地电场"。与自然电场相反，它不是地球本身的结构引起，而是受外部感应所引起，因此它不是局部的，而是大尺度区域性的，甚至是全球的。用很简单的办法即可观察到。

例如，用金属做成两个电极，分别埋在相距几百米的地下，用导线在两极间接一个电流表，就可测得细微的电流，这就是"地电流"，也就说明大地电场的存在。

这种电流是哪里来的？

答案是外界电磁感应。根据研究，一个最基本的感应就是大地在地球磁场中运动切割磁力线产生，实际测量也反映了它与地磁变化的相关性。同时，其他外部感应也会使它变化，例如，地震也会产生异常的地电流，据此可用来预报地震。

总之，地球内部电场各有特色，并可用于探矿、找水和预报灾害。

下面来介绍地球外部的大气电场。

先看"晴天电场"，这是大气电场的正常电状态。它是由地球高空的电离层与地面之间的电位差形成。实测证实，这个电位差在 200~360 千伏之间。也就是说，电离层与地面间形成了一个正电场，人类就生活在这个正电场之中。它的变化和天气状况以及人类的活动（例如工业污染、核爆炸）有关，这方面的研究也是晴天电场研究的主题之一。

晴天电场，正因为它是"晴天"，相对来说扰动较小，也较稳定。它在地表处的电场强度在 100~300 伏 / 米之间，并随纬度增高而增加，称为"纬度效应"。平均而言，在陆地上电场强度约为 120 伏 / 米；在海上略高一点，约为 130 伏 / 米。做一个形象的比喻，如果一个人在晴天站在空旷之处，则其头顶与脚底之间就有 200 伏以上的电位差（粗略计算，设为均匀电场，则用电场强度乘以身高，即得电位差）。多么有趣的现象！

实测表明，晴天电场随高度呈指数衰减。例如，在离地面 2 千米高处，它已减为 6.6 伏 / 米，而到 30 千米的高空，它已衰减到约 0.3 毫伏 / 米。

说到这里，少年朋友可能会表示惊讶：哎呀，真是遗憾，我们大家连人人皆知的地球磁场都"感觉迟钝"，何况是这个新冒出来的晴天电场呢！

真的，好像谁都没有感觉到它的存在！不仅如此，下面要告诉你的事情，就更加超出人们的日常经验（或者说没有感到）。在人们的日常"经验"中，空气是绝缘的，当雷电发生时它才被击穿。可是，我现在要告诉你，其实空气有微弱的导电性，而且随着气候的不同，有许多种类的电流在空气中流动，流过你的身旁，流向大地、海洋。

由于电离层电位高，地面电位低，因此电力线的方向是指向地面的。大气中的正离子受电场力的作用就会向地球"跑"来，形成正离子流。也有负离子向上"飘"去，但很少。也就是说在晴天有股由"天上"向地面输送正电荷的电流，学术上称之为"地空电流"。研究表明，这个电流全球总量可达 1800 安培。这就表明全球每一秒钟就有 1800 库仑的正电荷通过各种渠道流入地下。当你在大晴天走在阳光明媚的街道上时，你很难想象，一股股正电离子正轻抚着你的面颊。此外，科学研究发现，大气电场和地空电流对植物的生长也十分重要。植物的那些伸展向上的枝条，招揽着徐徐到来的带电粒子。这些粒子不像雷电那样猛烈，让花草树木难于招架。它们像毛毛雨那样温柔地"滋润"植物，让植物慢慢地吸吮。

当然，植物和大地并不是只享受这正电荷的温柔，别忘了还有电闪雷鸣的时刻。那些闪电和大大小小的降水过程，也都是在输送着电荷。

云中闪电我们不去管它，因为它不到地面来。云、地间的闪电，则是云团向地面猛烈"发射"带电粒子的过程，整个过程都形成电流。除了"用于"火花放电、发出闪光之外，据学者们测算，平均每次闪电中，还有约20库仑的电量会来到地球，如果每秒钟发生100次的闪电有20%"冲"向地球的话，则每秒钟就有400库仑的电荷"奔"向地球，即全球闪电放电输送的电流总量约为400安培。

这还不是主要的，雷电中数量最大的电荷输送方式是尖端放电。不要以为只有那些避雷针之类的人造物体才是"尖端"，在大自然中有的是"尖端"，每一根青草、每一根树枝都尖尖地向上伸展。这些尖端本身也聚集着从地面过来的感应电荷，所以它们既等待着云中电荷的光临，也在"窥视"自己"发射"的机会。但不管是"收"也好、"发"也好，地空之间都会有电流流过。由于尖端遍布，积少成多，所以这些人造的和天然的"尖端"们，所形成的电流就颇为壮观，全球估计可达2000安培。

不像晴天电场那样"单纯"，闪电放电和尖端放电向地球输送的电荷，既有正电荷，也有负电荷，实际测量表明负电荷居多。对闪电放电而言，甚至绝大多数是负电荷；对于尖端放电而言，负电荷与正电荷的比例在1.5~2.9之间。与此同时，地球上的尖端们也向天上发射了许多电荷，这些就是地球回赠给大气的电荷，它们冉冉上升回到电离层的怀抱之中。

还有一个向地球输电的过程，那就是雷暴时的暴雨和其他较平缓的雨、雪、冰、霜，人们统称为"降水电流"。这些各种各样的降水情况比较复杂，所以它们带来的电荷情况也多变，有时正，有时负，或者正、负混杂，而且有的是从"天上"带下来的，也有的是半路上碰上了从地面尖端放出来的电荷，又把它们中间"意志不坚强"者裹挟回来，这一切加到一起随着水滴洒向地球，大约有 600 安培。测试表明，其中的电荷以正电荷为主。

地球上的植物就在如此丰富的电荷"雨"滋润下茁壮成长。

实际观测表明，植物在大气电场强的地方，光合速率快，反之就慢。科学家进行了实验，如果让植物处于电场强度为零的环境中，它们居然停止吸收二氧化碳，"不想活了"！反之，如果把电场加大，它们甚至会违反常规地"猛吸"二氧化碳。这种现象，给学者们很大启发，于是一门新兴学科诞生了，叫作"静电生物工程"。人们希望通过控制植物的电磁环境，来影响植物的生长。果然颇有成效。

例如，用人工电场照射菜种，控制其生长周期。最有趣的是让花卉的花期提前或滞后，以配合人们的节庆需要。具体详情我们这里就不多说了，还是回过头来说我们地球电场这个主题。

好了，现在，该地球来算一算它的电荷"收入"了。晴天地空电流、闪电放电电流、尖端放电电流和降水电流，四路大军，浩浩荡荡，带来了庞大的正、负电荷，它们来到地球这个"新鲜地盘"后，正、负电荷纷纷结合，成为中性。最后，地球发现还多了许多负电，约有 50 万库仑。

这时，少年朋友可能会想："这样地球电场岂不就不平衡了？"

这问题提得好，科学家们想出了一种解释：在那辽阔的海洋上，找不到多少"尖端"，那么尖端放电就很稀少，所以这个地区的正电荷就多了，从而达到了全球的电平衡。

其实，何止地球本身需要平衡（不平衡就要重新分配，这是大自然的规律），全球大气也需要电平衡。从上面的介绍就可看出，其实晴天与雷暴间就维持了这种平衡。晴天大气把电荷输向地球，雷暴又让地面的电荷返回大气。所以，学者们归纳说：雷暴是大气电的"源"，而晴天地空电流则是大气电的"汇"。

少年朋友，听了上面这些介绍，你可能会与我一起发出一声感叹：地球呵，原来你是这么复杂而和谐！我们为能生活在你的怀抱而庆幸！

劳苦功高的地球磁场

　　地球磁场是我们人类一生下来就要面对的，"天生的"地磁环境（"大气层调控着电磁波"一节中，它短暂出场过）。对于地球磁场，一般人早已知道，却又对它的存在司空见惯，当然也就很少有人去赞叹它的劳苦功高。尽管它已存在几十亿年，然而人类意识到它的存在，却只有两千多年的记载；尽管我们中国人骄傲地宣称指南针是我们古代四大发明之一，但是对于它赖以工作的地球磁场，你又了解多少？

　　尽管人类会忘记地球磁场的存在，但地球磁场却没有忽视人类。亿万年来，正是它在高空形成的磁层，挡住了日夜不停的太阳风中高速射向地球的"高能粒子炮弹"。否则，哪还有人类，哪还有地球的今天？而这一功勋，千百年来人类并非视而不见，而是根本就不知道。只是在人类有能力进入太空之后，才发现它是如此"劳苦功高"。而这个发现，把人类对地球磁场的认识彻底改变。想当初，只在地面及低空活动的人类始终认为：地球磁场就像一根磁棒产生的磁场那么简单。谁知它竟然有一个异常复杂而又形状优美的外观，其功能和结构都极其复杂，对人类的日常生活和航天活动都有很大影响。在之前的章节中，我们只是把它作为大气层上面的一层，因为那里的主角是大气。可是，"公平"地说，是它保护了大气，如果没有它，大气根本就挡不住太阳风中高能粒子的袭击。正如我们说过的，在几万千米的高空，大气已经稀薄到比人们抽出的真空还要"真空"了，而地球磁场却在那里撑起了"保护伞"，护卫着我们的地球家园。

说到它的"功",还真是源远流长。按说电与磁的发现都可以追溯到两千多年前,可是当人们还在神神秘秘地谈论电这个"怪"现象时,已经有人根据磁针的指极现象明确地发现了地球是个大磁球,而且有两个磁极,它们还不与地理上的南、北极重合,而是偏一点。一个约在北纬72度,西经96度处;另一个约在南纬70度,东经150度处。人们把在地理北极附近的叫"南磁极",把在地理南极附近的叫"北磁极"。

说到这里,少年朋友可能会问:"为什么要倒着取名字?北边的就叫北磁极,南边的就叫南磁极,不好吗?"

学者们说:不好!因为当古人把天然磁石磨成针状,从而发现它有指向性(也因而断定地球有磁性,而且有磁极)之时,磁针指向北边的那端就被称为"磁针的北极",而指向南边的那端就被称为"磁针的南极"。也就是说,磁针的南极指南、北极指北。而磁极又是同性相斥、异性相吸,于是地磁极的那两端只好反过来命名了。

所以,人们就把磁针的北端写上"N",把磁针的南端写上"S",用它来指方向时就方便了;"N"指的是地理的北边,"S"指的是地理的南边。如果地磁极命名反过来,磁针的命名也得跟着反过来,那样就轮到磁针的"S"指的是地理的北边,不是更别扭吗?

由于有了地磁场,传说中的聪明人——诸葛亮就可用指南针去引路了。如今的科学家比诸葛亮还要聪明,他们对地磁场做了深入研究,不仅用它指向、导航,还用它寻宝、探矿。下面就来谈谈这个问题。

怎么描述地球磁场的情况呢?我们需要看它的大小和方向。在数学上,把一个既有大小又有方向的量,称为"矢量"或"向量"("矢"就是箭头,可用它指出"方向")。只有大小而无方向的量称为"标量"。

描述地球磁场的强弱的量是一个矢量。在画图时,矢量是用一个带箭头的线段来表示,箭头的方向代表矢量的方向,线段的长短代表矢量的大小。地球是一个球形,因此在地磁学研究中常用地磁场的总强度 F、磁偏角 D 和磁倾角 I 来完整描述地球磁场的情况,统称为地磁三要素。

在三要素中，磁偏角是最好理解的。形象地说，它就是自由悬挂的小磁针静止时所指的"北方"（它是受地磁场的南极吸引，指的是地磁南极）与地理上真正的北方（地理的北极）偏了多少。正规一点说，就是经过测试点的地磁经线与经过该点的地理经线之间的夹角，实用中，规定偏东为正。其实，指南针就是测定磁偏角最简单的工具，所以磁偏角也是人类最早用来判定地磁场的一个量。中国对其的发现和应用，若以文字记载为准，至少也可追溯至 11 世纪末，宋代科学家沈括在《梦溪笔谈》中写道："方家以磁石磨针锋，则能指南，然常偏东，不全南也。"

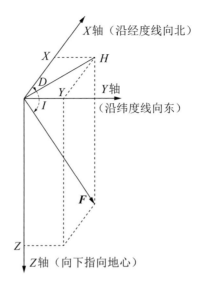

笔记栏

X轴（沿经度线向北）

Y轴（沿纬度线向东）

Z轴（向下指向地心）

地磁要素示意图

当然，由于受古代观测的手段和地域所限，这不是精确的描述，但起码明确了地磁极与地理极有偏差。而西方却晚了四百多年，是 1492 年哥伦布在海上探险途中，才记述了欧洲人对磁偏角的发现。所以，把指南针定为中国古代四大发明是当之无愧的。

显然，磁偏角因地而异，现代可以用磁偏仪精确测出。例如，在某个时间测得：北京 5°50'，上海 4°26'，重庆 1°34'，拉萨 0°21' 等。

现代利用地磁来给飞机、舰船导航的设备比当初的指南针要先进和精确得多，但原理还是与指南针一样。人们称它为"磁罗盘"或"磁罗经"。例如，有一种船用的磁罗经的基本构造就是，用一些平行排列的磁针，装在一个有刻度的圆盘的下面，由于地磁场带动磁针旋转，也就带动刻度盘转动，从而指出方向。由于磁罗盘简便可靠又无需动力，所以至今仍是国际公约规定的船舶必备的助航仪器之一。实际工作中，为了保证它的可靠，磁罗盘的校正技师会定期进行校正工作。

在自然界，有不少动物，例如鸽子、蜜蜂、鲸鱼、鲑鱼、红龟等，他们天生就能在地磁场的引导下"周游"，这应该也算地磁场的另一功劳吧。

在电磁理论中，磁场的强弱，学者们是用磁感应强度来描述，计量单位是"特斯拉"（简称"特"，记为"T"）。特斯拉是一个美国发明家的名字，是他发明了交流发电机和高压输电，推动人类进入电气时代。他与爱迪生一起工作过，享誉发明界乃至全球。为了纪念他的贡献，1960年国际电工委员会决定用他的名字作为磁感应强度的单位。那么，难道这之前磁感应强度没有单位？当然不是，为了说清这个问题，我们必须插上一段与此有关的电磁佳话。因为这牵扯到两个对电磁理论有重大贡献的科学家——高斯和韦伯，还涉及两个科技领域常用的单位制——高斯单位制和国际单位制，同时还展现了电场和磁场的联系和区别。而这一切都有助于深入理解电磁现象。

在我上大学时，还没有"特斯拉"这个电磁学单位，那时磁感应强度的单位是用每平方米多少韦伯，即韦伯/米^2。这个单位是怎么来的呢？1838年，为了形象地描述电场和磁场，法拉第用假想的力线来表示，在电场中叫电力线，在磁场中叫磁力线。用力线上一点的切线方向表示该处场的作用力的方向，用力线的密集程度表示场力的强度。粗看起来电场与磁场相当"对应"。其实不然，它们有一个最大的不同是，电场可以由电荷产生，电力线可以起于正电荷，止于负电荷。但是，根据麦克斯韦的电磁理论，磁场只能由电流（或变化的电场）产生。因此磁力线是闭合的，即磁力线是没有起止点的、与电流交链的闭合曲线。即使在永久磁铁中物质的磁性也是由分子电流所引起。比如，在磁棒的磁场中，磁力线也是从N极出发经空间到S极，再从S极继续进入磁棒中，从磁棒中再回到N极，如此走了一整圈，形成闭合。这在电磁理论中叫"磁通连续性"。

正因为人们对磁场理论的系统研究是从电磁感应开始的，因此在磁场中就常把磁力线叫磁感应线，而把穿过某一面积的磁感应线总数称为穿过该面积的"磁通量"（即磁感应线通过的数量），这个磁通量的单位叫"韦伯"。单位面积的磁通量就称为"磁通密度"。它的单位是韦伯/米^2，与磁感应强度一样！其实，磁通密度就是磁感应强度。这点并不难想象，刚才我们不是说过吗：力线的密集程度表示场力的强度。那么，在这里磁感应线的密度当然就是磁感应强度了。因此，在 1960 年后所用的"特斯拉"这个单位意思就是：每平方米内，磁通量为 1 韦伯时的磁感应强度。

那么，"韦伯"又是何许人也？他是比特斯拉成名更早的德国物理学家。不论是对电磁理论的探讨，还是对实测技术的发展，他都是功勋卓著。特别是他与另一个更加有名的德国物理学家的合作，更是世界物理学史上的一段佳话。在讲述地磁问题时来介绍他们两个，则更有意义。因为他们两个正是地磁研究和测量的"祖师爷"。

世界上第一个磁强计，就是他们发明的，名为"高斯磁强计"；

世界上最早的地磁观测网，也是他们建立的；

世界上第一张地球磁场图，也是他们在 1840 年画出的，并且定出了地磁的南、北极位置；

世界上第一台有线电报机，也是他们利用地磁对罗盘指针的作用做成的，用于在韦伯任教的德国哥廷根大学的物理实验室和高斯工作的哥廷根天文台之间（相距约 3 千米）传递信号。

他们的伟大之处还在于，正是他们两个合作，将力学中的绝对单位制（即厘米、克、秒单位制，记为 CGS 制）扩展到电磁学中来，创立了"高斯单位制"。这是电磁理论与实践的奠基性贡献，而这也与地磁有关。为什么这么说呢？

原来，在 1832 年高斯发表了一篇论文，题为《换算成绝对单位的地磁强度》。在这篇震动物理学界的论文中，高斯指出：必须用

德国哥廷根市内高斯与韦伯的塑像

根据力学中对力的单位进行的"绝对"测量，来代替用磁针的方法进行的地磁测量，并提出了一种"绝对电磁单位制"。所谓"绝对"是指这些量是最基本的，而且是相互独立的。所谓"基本"是指它们是最原始的物理量，由它们可以推导出其他物理量，而它们本身却不需别的量来导出；所谓"相互独立"是指它们之间没有什么依赖关系。少年朋友，你看长度的单位"厘米"、质量的单位"克"和时间的单位"秒"，是不是这样"基本"而"独立"呢？

韦伯不仅坚决支持高斯的主张，而且用他的实际行动把高斯的工作推广到其他电学量的测量中。例如，他研究了电阻的绝对测量技术，并且提出了几种测量电阻的实用方法；确定了电流的电磁单位；而最重要的是他完善了电磁学中所用的绝对单位制，使其变得全面而系统。

前面提到的物理学中（特别是理论物理学中）至今仍然广泛采用的绝对单位制（CGS 制）为什么要用厘米、克、秒为基本单位呢？时间的单位"秒"，是各种单位制通用的，这不成问题；而长度单位用"厘米"和质量单位用"克"有一个方便之处：1 立方厘米的纯水，在其密度最大时，其质量正好是 1 克。所以，在 19 世纪时，工业最发达的英国倡导使用这个单位制。

基本单位确定后，其他单位就可根据一定的物理定律推导出来（称为"导出单位"）。前面说的高斯的论文就是把这种基本单位与电磁学单位联系起来，是一项开创性工作。

而韦伯则发现实际用绝对单位制导出电磁单位时，有两条道路可走：一条是根据静电场中电荷的相互作用的定律来导出，叫作"绝对静电单位制"，记为 CGSE 制；另一条是根据恒定磁场中磁的相互作用的定律导出，叫作"绝对电磁单位制"，记为 CGSM 制。于是，在 1851 年，韦伯完善了高斯单位制。并且于 1855 年更进一步，与另一个名为科尔劳施的学者合作，测定了电量的 CGSM 单位与 CGSE 单位的比值，得出其数值接近已测定的光速的结论。这一重要成果成为麦克斯韦推断光是电磁波的重要依据。正因为韦伯贡献是如此之大，1935 年，国际电工委员会决定：以"韦伯"作为磁通量的单位。于是，磁通密度（也就是磁感应强度）的单位自然就成了"韦伯 / 米^2"。1960 年，国际电工委员会要"找"一个单位来纪念特斯拉，大家一想：韦伯先生已经"有"了一个单位（即磁通量的单位），那就把磁通密度的单位"让"给特斯拉先生吧。

再说一下高斯，高斯是 1777 年出生，比韦伯大 27 岁，韦伯还未上大学时，他早已是德国哥廷根大学教授兼哥廷根天文台台长了，而且已是集数学家、物理学家、天文学家和大地测量学家之名于一身的著名学者。他与韦伯的关系亦师亦友，堪称学界之典范。由于他的数学天才，应当说他在理论上建树更多，他在数学的许多领域均有开创性的贡献，例如，数论、非欧几何、微分几何、复变函数、椭圆函数等，更可贵的是他理论联系实际的钻研精神，他把他在数学上的成就尽可能地运用到他喜爱的天文、大地测量和地磁场测量的理论分析中。例如，正是高斯在 1839 年，首次运用球谐函数分析，奠定了地磁场定量分析的基础。这个理论至今仍是地磁学界常用的得力工具。在编绘全球地磁图时通常都是利用高斯分析的结果，而不是直接利用观测值。所以，在数学、天文学、物理学、磁场测量甚至日常生活中，人们都看得到纪念高斯功绩的事例。例如，数学中的"高斯分布"，天文学中用"高斯"命名的小行星，物理学中的"高斯定律""高斯单位制"，磁场测量中的"高斯计"，而在日常生活中德国曾把高斯的肖像印在 1989 年至 2001 年流通的 10 德国马克的纸币上。

而对我们介绍的磁学而言，为了纪念他，则是把磁感应强度的单位叫作"高斯"。

看到这里，少年朋友可能会问："不是说叫'特斯拉'吗？怎么又叫'高斯'了？什么时候又改了？"

别着急，没有改，它们是在不同的单位制中。"高斯"这个单位是用在绝对电磁单位制中。而"特斯拉"这个单位（包括"韦伯"这个单位）是用在国际单位制中。

高斯单位的英文代号为"G"，它与特斯拉（T）的换算关系很简单：1T=10000G。

特斯拉的定义为：垂直于磁场方向的 1 米长的导线，通过 1 安培的电流，受到磁场的作用力为 1 牛顿时，通过电流所在处的磁感应强度，即 $1T=1N/(A \cdot m)$。

关于电磁领域的一段佳话，我们就讲到这里告一段落。对于少年朋友而言，科学家的故事虽然好听，但有些学术问题却并不是那么好理解，特别是像单位制这种正规、基本，又需要严格、复杂叙述的命题，但有些问题又绕不过去。所以，我只希望少年朋友当故事听听，以后随着年龄和知识面的增长，再去看更专业、更全面的论述吧。

地球磁场的第三个要素是磁倾角。它是地面任一点磁感应强度矢量的方向与该点水平面的夹角。实际应用中规定磁针的北极（N）向下倾为正。

如果将地球上磁倾角为零的地点连接起来，也会得到一个近似的圆线，与地球赤道（地理的）比较接近，仿照地理上的叫法，也可称它为"磁倾赤道"。其实从形象上不难理解，磁偏角是磁针的东西偏，而磁倾角则是指磁针的俯仰倾。

在 1837 年，韦伯根据电磁感应原理制成世界上第一种测量磁倾角的仪器，如今称为"地磁感应仪"。

地球上任何一点的地磁三要素都可以用测量仪测定，测出了它们，该点的地球磁场的大小和方向也就确定了，即总的磁感应强度矢量就完全确定了。

在实际测量工作中，人们还常用测量总磁感应强度在某些方向的分量的办法，来确定总磁感应强度。

实测表明，地球磁场是广而弱的磁场，说它"广"是指它既遍布全球、处处皆有，又扩展至太空，几万千米外还有它的踪迹。说它"弱"是与别的磁场相比，地球磁场的强度在 $0.035 \times 10^{-4} \sim 0.07 \times 10^{-4}$ T 之间，最强在南、北磁极处，其强度也不到 1×10^{-4} T，所以为了方便计算，人们用纳特，即 1×10^{-9} T 作为它的常用单位，称为伽马值。有时就把磁力仪称为"伽马仪"，或干脆像中国人叫称重量的为"秤"一样，叫它"磁秤"。

一般的永久磁铁的磁感应强度大约在 0.4~0.7T 之间；在电机和变压器中的就更强，在 0.8~1.4T 之间；而超导技术中所用的强电流磁场，其磁感应强度甚至可达到 1000T。在宇宙中，中子星的磁场是地球磁场的一百万亿倍。由此可见地磁之弱。

不过，话说回来，弱也有弱的好处和用处。最大的好处是这样弱的磁场对人类无害。医学研究证明，暴露于较强的磁场中会使人体的血液、淋巴液和细胞原生质发生改变，更强时甚至影响神经系统，可以称之为"磁污染"。此外，人类利用地磁场成绩显著。最早和最成熟的应用，就是前面所说的导航，特别是船舶导航中的磁罗盘。当然由于地磁会因地、因时、因航向而变化，因此使用中必须进行误差修正，这点人们已经能很好地掌握了。如今，随着科技的进步，人类在导航上已经有许多更先进和更精确的手段。例如，陀螺罗经（又称电螺经）、自动操舵仪、无线电测向仪、船用雷达、罗兰导航系统、卫星导航系统（目前，全球有四大卫星导航系统：中国的北斗卫星导航系统 BDS、美国的全球定位系统 GPS、俄罗斯的格洛纳斯卫星导航系统 GNSS、欧盟的伽利略卫星导航系统 GSNS）等，但是它们都有一个共同"缺点"：依赖电源。而这却是地磁罗盘的最大优势。所以，尽管先进手段层出不穷，国际公约还是规定它是船舶必备仪器，不然万一没有电时怎么办呢？

地磁场的另一个重要应用就是磁力勘探。它是利用磁力仪测量地面上各处的磁场强弱，以研究地下岩石的矿物分布和地质构造，从而为寻找金属矿床、油气田或发现地层断裂带提供线索。

各种岩石和矿物的磁性是不同的，最明显的是铁磁性矿物含量高的岩石，磁性就强，一般火成岩、变质岩的磁性也比较大，而沉积岩一般来说却几乎没有磁性。地球磁场地理分布是有规律的。而不同岩层的存在，就会引起当地的磁场异常，实测的值就与原来应有的值有偏差。将原有的校正之后，就可得出只与岩石磁性有关的磁力异常值，这样就可根据这些数据来判断岩石种类和有无某种矿藏了，或者据此判断地质构造的变化等。在油气田的地区，由于油气中的烃类物质向附近地面渗透，可把岩石或土壤中的氧化铁还原成磁铁矿，用精密的磁力仪测出这种磁力异常，再配以其他手段，就可发现油气田了。除了地面勘探外，也可用机载磁力仪进行大面积航测。近年来，由于精密磁力仪的出现，卫星磁测逐渐盛行。

婀娜多姿的地球磁场

广义的地球磁场，应当包括两大部分：一是地面及其邻近的空间和地壳的浅表，这是人类研究并利用多年的地磁区域；另一是高空，也就是我们前面提到过的空间磁层，这是人类在航天技术发展后才逐步了解的地磁区域，对于这部分应当说还没有完全摸透它的情况。

先说一下已了解多年的这一部分。世界各国为了掌握其情况以便利用，除用各种手段进行移动检测外，还在各地设立固定的地磁台站，进行系统观测记录。长期观测表明，地表磁场基本上由两种成分组成。

一种是占地磁总强度约百分之九十的基本磁场，它主要是由地球内部的原因产生，因而比较稳定，变化很缓慢，也比较微弱。而且大体上可设想为地球内部有一个以地磁南北极为两端的磁棒（称为"磁偶极子"）产生的磁场。1893年高斯就是从这一假设出发，写了一篇论文——《地磁力的绝对强度》，创立了有名的高斯分析法。用这一方法计算出的磁感应强度分布与实测结果的近似性，既证明了他的分析方法的正确性，也证明了基本磁场的确是由地球内部原因产生的。当然也有一些区域实测和理论差别较大。例如，在亚洲东部、非洲西部、南大西洋和南印度有几个地区就与磁偶极子的假设不符，还有那些有矿藏的局部区域当然也差别较大。另外一种是成分比例只占百分之十左右的变化磁场。它基本上是由外部原因产生。有比较平缓和规则的变化，那是太阳自转周期引起的；也有突发性的干扰，例如我们前面提到过的磁暴、极光等，磁暴强烈时，有时会持续两三天，变化幅度可达10纳特。

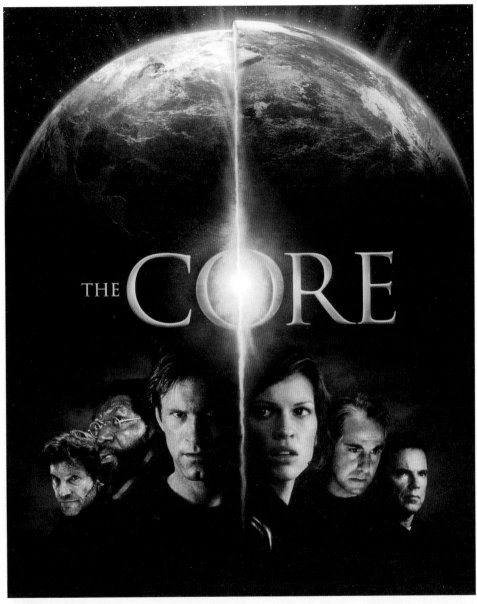

也有科学家提出磁极倒转、地磁短暂消失的假说。2003 年好莱坞以此为依据拍摄了灾难片《地心抢险记》

　　为了航海、航空、地质普查和矿产勘探等应用的需要，世界主要国家还编制出版本国或世界的地磁图。这种图是将同一时间各测点的地磁要素的数值标在地图上。例如，把偏角相等的各点连成等值线，这样的图就叫"等偏角地磁图"。相应的也可做出"等倾角地磁图"和"等强度地磁图"。而且，为了适应基本地磁的缓慢变化，通常每隔 5~10 年还要更新一次。

　　例如，中国从 1950 年起每十年出版一套中国地磁图，还在 1965 年专门出过青藏高原地磁图。美国和英国每十年出版一套包括全部七个地磁要素的世界地磁图，每五年出版一套磁偏角世界地磁图。

　　下面再来看看高空地磁场的情况。根据近几十年航天器和卫星探测的结果，向地球"吹"来的太阳风本质上是由带电粒子组成的等离子体。在物理学中，等离子被称为"物质的第四态"，即固态、液态、气态、等离子态。在等离子体中，正负带电粒子数量相等，但又没有中和。带电粒子运动会激发磁场，它的磁场就会与地球磁场相互作用，地球磁场"顶"住了它，它又使地磁场变形。学者们形象地形容：就像太阳风把磁力线吹来顺着地球向后飘逸（像吹风机吹长发一样），使高空地磁层形成一个被太阳风包围的、裹住地球的、彗星状的地磁区域，取名"磁层"。以地球人类的尺度感而言，这个磁层可以说是既宽广又结构复杂。就目前已有的资料主要有如下几个部分：

　　磁层顶。这是磁层的外边沿，就是它在最前线"顶"住太阳风，而它自己已成为像半椭球形的顶面。在向阳面离地心约 6 万千米，在两极约八九万千米，在背阳侧可达几百万千米。

　　磁尾。这是地磁力线这些"长发"被太阳风"吹"到地球背阳面拖出的长长的尾巴，它可以"飘逸"到几百万千米以外，呈开放状。

　　磁鞘。这是因为由等离子体组成的太阳风以每秒钟几百千米的速度"吹"来，在地球磁场的边沿必然产生一个冲击波阵面，称为"弓形激波阵面"，这个波阵面与磁层顶之间的过渡区就像一个"鞘"一样包着磁层顶，故称为"磁鞘"，厚度约为两三万千米。

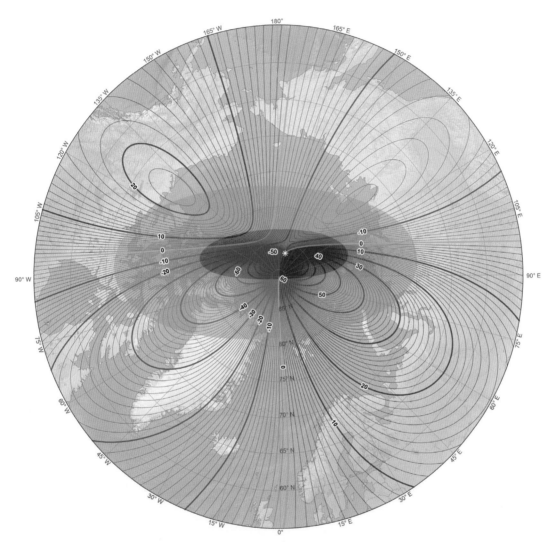

磁偏角世界地磁图，2019 年 12 月

中性片。这是由于太阳风磁场与地磁场相互作用下，在磁倾赤道附近，形成一个特殊的分界层，在层的两边磁力线方向是完全相反的，北面磁力线向着地球，南面磁力线离开地球，而中性片上磁场几乎为零。不过，你不要听它叫"片"就认为很薄，那是以宇宙这样巨大的尺度来衡量，其实它大约有 1000 千米那么厚，可以说是一堵中性墙。

等离子片。因中性片的两侧几万千米范围内挤满了太阳风吹来的等离子体得名。当太阳活动剧烈时，其中高能粒子增多，并快速地沿地磁力线向地磁极区域沉降，大气粒子被激发，于是就出现绚丽多彩的极光。

另外，在高空中还存在许多被地磁场"俘获"的高能粒子，它们长期被"关闭"在地球上空形成两个辐射带，内辐射带是在磁纬度的正、负 40 度之间的两个对称的卵球形；外辐射带在磁纬度大约正、负 60 度之间，呈对称的新月形。由于这些辐射带是美国空间物理学家范艾伦在分析美国"探险者"卫星上探测宇宙辐射的仪器数据时发现的，所以学界又常称其为"范艾伦带"。对这些辐射带的研究十分重要，因为它们的存在会对人类的航天活动产生危害。

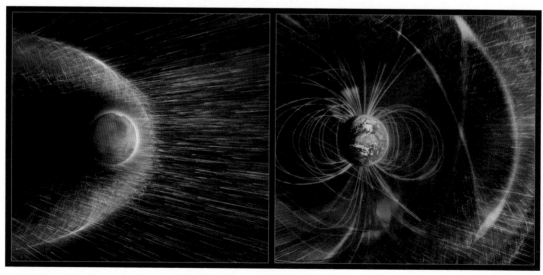

太阳风击打着火星大气层上端。当其路过地球时，地球磁场让其偏转，保护了地球大气（来源：NASA）

现在，再谈谈地磁场的起源问题。自从 1600 年英国人吉伯提出地球本身是一个巨大的磁体以来，四百多年过去了，许许多多的学者提出了各种各样的理论或假说，试图来解释地磁的起源，有些能够解释部分现象，有些则找不到验证的依据。总之，比起科学界基本掌握地磁场的分布及其变化规律这一现实来（主要是靠测量的），可以说人类对自己的家园中这一基本现象，仍然处在一个知其然而不知其所以然的尴尬状态。因此，在此就不介绍了，但愿有一天你们中的某个人（或某些人）会为解决这一难题做出贡献，我在此预祝你们成功！

最后，让我来写一首诗，《地球与电磁波之恋》，献给我们伟大的地球母亲，也可算是为地球与电磁波关系做的一个小结。

笔记栏

我曾经追随先辈的足迹
去探索浩瀚的宇宙
却没有发现哪一个星球最像您

我曾经放开我思维的缰绳
去搜寻最美好的词句
却描述不出您那神奇的魅力

终于，我想出了最嘹亮的一句
伟大的地球母亲
我爱您

我看见那长长的磁力线
似您轻柔的发丝
在太阳风中飘逸

我看见那椭圆的磁层顶
似您闪光的额头
将激波轻轻荡起

我看见那奇异的范艾伦带
似您舞动的双袖
将奔来的带电粒子微微卷起

我看见那神秘的层层大气
似您呼出的如兰仙气
将紫外线漫漫吹去

我听见太空中传遍您威严的警语
宇宙的天兵天将
到此为止
别下去伤害我的子孙!

我看见您曼妙的舞步，婀娜的身姿
吸引着如柱的电磁波
转出了暮色和黎明
转出了明媚的春天，丰硕的秋季

我看见您用高超的技艺
调配着电磁波的去向
让植物生产出氧气和食粮
让能量储存在海洋天空和陆地

我看见您挥舞着无际的天幕
引导着电磁波彩笔
描绘出万千气象
描绘出彩霞极光

我看见您轻舒玉臂
推开一扇扇天窗
让光波和微波自由出入
把红外和紫外部分屏去

我听见您慈祥的声音向子孙们叮咛
让可见光为你们照明
让紫外线为你们杀菌
让红外线为你们送暖
让无线电为你们传讯

您是如此的周到
您是这般的温馨
您就是抚育我们人类的慈母
我衷心地感谢您
伟大的地球母亲……

卫星：用电磁波巡视地球

描摹地球的努力

孕育人类亿万年，含辛茹苦不一般。

不识地球真面目，只缘人在地球中。

为了瞻仰地球的容颜，地球的子孙们世世代代都在努力。仅仅为了证明它是圆形，就经过上千年的探寻：哥白尼为此奋斗终生；哥伦布因发现新大陆名垂千古；马可·波罗、徐霞客写下了著名的游记；珠穆朗玛峰留下了中外登山英雄的足迹；茫茫戈壁至今仍神秘莫测；冰封的南极仍是探险绝地；地质队踏遍荒山野岭；钻探队工作在冰天雪地……

多少年的努力，多少人的攀登，地球啊，究竟怎样才能见到你的全貌？

1972 年 12 月 7 日，美国宇航员在飞往月球的"阿波罗"17 号飞船上拍摄的地球照片，NASA 为它取名"蓝色大理石"

巡天遥看一千河

　　"欲穷千里目，更上一层楼。"这是唯一的方法。少年朋友，你可曾登上那高高的电视塔，鸟瞰全城的美景；你可曾登上泰山玉皇顶，体会那"一览群山小"的意境。如果去过，你是否也感到视线仍然有限？看来，欲穷千里目，必须飞上天。

　　第一次飞天的人，出现在18世纪的法国。1783年11月21日，法国人罗杰特和达鲁兰德两人，乘灌满了热空气的气球飞向天空，在空中飘荡了25分钟。人们兴高采烈地一次又一次乘气球冒险鸟瞰大地，军队却发现用它来侦察敌情是个高明的主意。于是开始了用望远镜、照相机在气球上侦察的历史，也开始了从天上给地球照相的历史。第一张从气球上给地球拍的肖像是1858年的巴黎鸟瞰图。

　　后来，美国的莱特兄弟发明了飞机，并于1909年给地球拍摄了第一张航空照片。从此，飞机成了高空观察地球情况的得力工具。当然，主要还是为了军事侦察。在第一次世界大战中，35%的飞机用来执行侦察任务。而在第二次世界大战中，同盟国95%的情报，都是从航空侦察得到的。战争期间两次有名的战役——斯大林格勒战役（1942年）和诺曼底登陆战役（1944年）都是靠航空侦察获得了关于德军的大量情报，甚至德国的V-1、V-2火箭（这在当时是最新式的武器）也是一位英国的女判读员从航空照片上判读出来的。

　　你可能会问："照片谁没有见过，一看就一目了然，还'判读'什么？"

　　一般我们日常的照片，当然方便查看，但航空照片则不同，试想想：地球在转、气候在变、飞机在飞、航向和姿势也不停地改变，这时拍出来的照片看起来可就费劲了。那时电脑也没有，全靠受过专门训练的专业人员去判读，才能看出点名堂来。

　　为了航空侦察摄影，人们研制出一些专用的航空相机和专用的侦察飞机。曾经最有名的就是美国的U-2型高空侦察机。这种飞机，机身长、尾巴翘、翅膀宽、飞得高，由美国洛克希德公司制造。总长15.1米，高5.2米，翼展24.4米，重约8吨。内装一台涡轮喷气发动机，驾驶舱只够坐一个驾驶员，可飞行在27400米的高空（一般高射炮打不到）。它肚子里装着的就是专用于高空摄影的高灵敏度航空相机组合，可以透过机身下七个舱孔对地面拍照。飞行一次就可把宽约200千米，长约5000千米的地面景物全拍下来，可供洗成四千张双幅航空照片。据说，这些照片经过处理和高倍放大后，其清晰程度甚至可使判读人员辨认出20千米高处拍摄的报纸名称，可见是多么清楚。至于对方的大炮、飞机、军舰甚至部队营房当然更不在话下了，真是本领高超。

　　军事侦察，这在各国都是相当保密的事情。因为，在别人的领空飞行、照相，这就是间谍活动，说出来都不光彩。所以，用飞机侦察（除非在战争期间），总有点理亏。能想出更好的高招吗？当然能，那就是用人造地球卫星来进行空中侦察，简称为"卫星侦察"，用来执行这种侦察任务的卫星叫"侦察卫星"。虽然有时人们仍贬称其为"间谍卫星"，但是这种"间谍"却不像别的间谍（包括间谍飞机）那样需要偷偷摸摸地去打探情报，而是大摇大摆地在别国的上空飞行，明目张胆地大照特照。因为至今还没有一条国际公法规定不准卫星飞越别国上空。就像"公海"一样，飞机飞过的空域人们称为"领空"，而卫星则是在"公空"中飞，可以在上面自由自在地照！

　　"哎呀，这办法真是妙极了，赶快行动起来。"当年的"唯二"两个拥有卫星能力的国家美国和苏联都忙碌起来，展开了一场争夺太空军事侦察顶峰的秘密大战。后来，军用卫星侦察技术渐渐普及，人们用民用卫星巡视地球，这就是"卫星遥感"，而执行遥感任务的卫星就叫"遥感卫星"。

笔记栏

"遥感"就是遥远的感知。从离地几百千米的卫星上来"看"地球，当然是很"遥"远，也不可能接触，那靠什么来"感"呢？就是靠电磁波。怎么个"靠"法？首先是，万物都辐射电磁波，也可以吸收或反射太阳辐射的或人工（例如雷达）发出的电磁波。就是说遥感是靠"感知"地球上各种物体辐射或反射电磁波谱的情况。这是达成遥感的物质基础。其次是，地球的大气层开了两个天窗："光学天窗"和"射电天窗"。否则就什么也"看"不到。当然，光学天窗会受到天气的影响，而射电天窗却是全天候开放。所以，详细说来，遥感就是在围绕地球旋转的人造地球卫星上，用星载仪器透过大气天窗，来遥远地感知地球上物体的电磁波谱特性，从而达到了解地球情况的目的。

看到这里，你可能会问：地球上的一切，就在我们"面前"，他们要侦察别国，只好飞到高高的"公空"上去"遥感"一下。民用的，照自己国家的，为什么舍近求远，花费巨大人力、物力发射卫星上天来远远地"看"呢？一句话：卫星遥感有用吗，值得吗？

答案当然是肯定的，而且这些年卫星遥感的应用，已经让人们感到离不开它了。因为许多过去办不到，甚至想不到的事情，都由于有了它而办到了。我们先用一首《遥感之歌》来粗略描述一下，后面我们还会细谈并列举一些具体的例证。

地上有多少物种？数也数不清。（资源调查）

地下有多少宝藏？查也未查明。（寻宝探矿）

潺潺的溪流，如何汇成江河？（流域变迁）

茫茫的大海，有啥变幻奇景？（海洋监测）

森林，它的边沿在哪里？（林业资源调查）

沙漠，它的心脏何处寻？（国土资源调查）

城市，应当怎样建设？（城市规划）

农村，会有多少收成？（作物估产）

谁说"天有不测风云"？我们能掌握。（气象预报）

谁说"人有旦夕祸福"？我们能战胜。（防灾减灾）

地上地下海洋天空，都逃不过我们的眼睛。（陆海空测绘和生态监测）

污染台风洪水火灾，我们都可以及时查明。（灾情追踪评估和对策研究）

多快好省，是赞誉我们的词句。

卫星遥感，是我们骄傲的学名。

这还不是全部，但已初见端倪。那么，遥感卫星是怎样"巡视"地球、完成任务的呢？下面就来讲一下。

卫星围绕地球转的路径叫"轨道"。一般是椭圆形，而地球的中心处于该轨道的一个焦点上。卫星在轨道上运行，离地面最近处叫"近地点"，最远处叫"远地点"。

为什么轨道是椭圆的呢？因为根据科学计算，要使卫星能绕地球转，必须使它旋转所产生的离心力能抵消地球对它的引力——向心力。为此，卫星沿水平方向飞行时，至少要达到 7.9 千米／秒的速度才行。这个速度称为"环绕速度"，也叫"第一宇宙速度"。如果比这个速度小，它就会被地球的引力拉回到地球上来，就当不了卫星了；如果比这个速度大，达到 11.2 千米／秒时，它就会克服地球的引力（地球"拉"不住它了），成为绕太阳转的人造行星了，也就是脱离地球了，所以就把 11.2 千米／秒这个速度称为"脱离速度"，或"第二宇宙速度"。比这个速度更大，达到 16.7 千米／秒时，就连太阳也"拉"不住它了，它就会逃出太阳系，到其他恒星世界去漫游了。于是，就把这个速度叫"逃逸速度"，或"第三宇宙速度"。

可见，遥感卫星的速度，必须在 7.9~11.2 千米／秒之间，所以就成了椭圆轨道。速度越接近 7.9 千米／秒，就越"圆"一点；越接近 11.2 千米／秒，就越"椭"一点。

卫星绕地球一周所需的时间叫"周期"，周期的长短由卫星飞行的高度决定。轨道越高，走的路程越远，需要的时间就越长，即周期就越长。用来"巡视"地球的遥感卫星的周期一般在 90~100 分钟。举例来说，如果某个卫星的高度正好使卫星的周期为 90 分钟，这样由于地球由西向东自转，每当卫星飞行一圈，回到"原处"时，地球却没有等它，而是已经向东自转了 22.5 度（注：一圈是 360 度，除以 24 小时，就是地球每小时自转的度数，即 15 度，90 分钟就是 1.5 小时，故为 22.5 度）。这时，对于站在地球上的人来说，就好像卫星轨道向西漂移了 22.5 度。例如，若卫星的某一圈正好飞经北京上空，那么下一圈它将飞过新疆的哈密上空。由于地球自转周期（即 24 小时）正好是 90 分钟的整数倍（16 倍），所以卫星每天正好绕地球 16 圈，而且每天都会在同样的时间经过同样的地区。人们就把这样每天都会回到原来的地方的轨道称为"回归轨道"。

这时，你可能说："老看原来地方太单调，能不能让它既逐渐变换经过的地区，以便了解面的情况，又隔一定时间回原处，看看点的情况变化？"

其实，要做到这点也不困难，只要使卫星的轨道不与地球自转周期成整数倍关系就行了。例如，周期是 89.5 分钟，卫星的轨道就每天向东偏 2 度，这相当于在纬度为 45 度的地区，偏移了 160 千米。这样卫星大约运行十天后，再重复经过同样的地区。这种轨道称为"准回归轨道"。与此相仿，如果周期是 90.5 分钟，卫星所经过的地区就要每天向西偏移 2 度。"准"就是近似的意思，不是天天回，是过几天再回。

卫星运行轨道所在的平面叫"轨道平面"，它的轨道平面与地球的赤道平面的夹角叫"轨道倾角"。当倾角为 70 度时，从北纬 70 度到南纬 70 度的所有地球表面，都是卫星飞经的地区。如果倾角为 90 度，即正北正南轨道，那么，整个从北极到南极的地球表面都在卫星飞越的范围，这种轨道叫"极地轨道"。卫星的轨道倾角越大，发射时所需的能量也就越大。这是因为地球自转时，地球上各处移动的速度各不相同。靠近两极的地方离自转轴较近，移动较少；而赤道上各处离轴最远，移动也最快，约为 0.5 千米 / 秒。前面说过，任何物体，只要达到 7.9 千米 / 秒的环绕速度，就能成为地球的卫星。那么，如果在赤道上发射一颗与地球自转方向相同的卫星，这时轨道倾角为 0 度，就可以充分利用地球自转的速度。也就是说，发射卫星的火箭只需再使卫星有 7.4 千米 / 秒

（7.9 减 0.5）以上的速度就行了，所以发射时所需的能量最小。如果在赤道上发射一个飞经南北极的极地轨道卫星，这时倾角为 90 度，那么，地球自转速度一点儿也利用不上，当然发射就费劲了。如果我们打算给整个地球都照相，就常常需要近极地轨道，以便照相机对每部分地球表面都能得到很好的、几乎是垂直的俯视镜头。

另外，地面上的景物，阳光照射的角度不同，照片的效果就不同。对于有些景物，当顶的阳光可能最好；而对于另一些景物，则可能是晨曦或夕照的长影更有利于对照片的判读。为了保证卫星每次经过同一地区时日照条件相同，以便对照片进行对比分析，就必须让卫星的轨道平面绕地球转动的角速度与地球绕太阳转的平均角速度相等。人们把满足这个条件的轨道叫"太阳同步轨道"。

到此为止，我们就把遥感卫星巡视地球的"诀窍"讲完了，实际上就是控制它沿什么样的轨道飞行的问题。而运行轨道是用近地点、远地点、周期、倾角这样的参数来描述，人们就把这些参数总称为"轨道参数"。一个卫星只要轨道参数已知，用我们上面讲的原理，就可以分析出它是什么样的卫星了。例如，世界上第一个遥感卫星是美国在 1972 年发射的"地球资源技术卫星"（后改名为"陆地卫星"1 号）。它的轨道参数是：近地点 898 千米，远地点 916 千米，周期 103.1 分，倾角 99.125 度。从这些参数值分析，我们就知道它是一个近极地、近圆形、太阳同步、准回归轨道的遥感卫星。由于倾角不是 90 度，因此它"看"到的是南、北纬 81 度间的绝大部分地区。它每天可绕地球 14 圈，18 天覆盖南、北纬 81 度间的全部地面一次，即一年内它就可以给这个地区照二十遍相。而且还是周期性巡视每一个地区，每隔 18 天复查一次。每两圈轨道间隔是 2875 千米（在赤道上计算），第一天的第一圈，与第二天的第一圈（即第 15 圈）间的间隔是 159 千米（也是在赤道上算）。你看，这样是不是像"梳子"一样，一遍又一遍地、反复地、快速地、全面地巡视地球？如果它带的仪器（统称为"遥感器"）足够全、足够精密的话，地球上的一切就"尽收眼底"了。

2013 年中国发射的"高分一号"卫星巢湖区域影像。它是中国高分辨率对地观测系统的首发星

遥感器械何其多

"遥感器"是怎样的呢？一句话：原理简单、种类繁多。

为启发思考，还是先问两个问题。

请问："你为什么能看见太阳？"

"这太简单了！太阳发出万丈光芒，谁看不见。"

"那么，月亮呢？它也发光吗？"

"月亮虽不发光，但阳光照在它上面，再反射回来，人们也就看见了。由于月亮围着地球转，有时地球挡住了太阳，挡住一部分，我们看到的就是弯弯的月亮；全挡住时，就是月全食，不是月亮没有了，而是太阳照不到了。"

再问一个问题："当你走近火炉时，为什么即使不接触它也会感到热呢？"

"也很简单，有热辐射嘛！也就是发射出的红外线被感觉到了。"

的确，都很简单。而善于思考的人，就是从这类简单的问题中，悟出更深的道理。

那么，我们能悟出什么道理呢？

那就是：要想看见（感觉）一个事物，有两种办法。

第一种是由前一个问题悟出：它会发光（发出电磁波）。

第二种是由后一个问题悟出：它会反光（反射电磁波）。

这个光（电磁波）传到人的眼睛（感官），于是就看到（感觉到）了。

根据这个道理，人类造出了许多产品，帮助自己去观察事物。例如，日常生活中，人们造出了手电筒，在黑暗处，利用反光帮助你看东西；还有探照灯，帮助防空部队发现低空飞行的飞机。第二次世界大战中，又发明了雷达，先是用它来探测飞机和舰船，以后更扩展到许多其他用途。但用途虽有别，原理仍未变：都是发射电磁波和接收返回的电磁波。

有没有不发射电磁波的雷达呢？

有，就叫"无源雷达"。其实，它就是靠感测地面目标的微波辐射来发现目标的，所以又叫"微波辐射计"。

再如，日常用的照相机，就是利用照相镜头来代替人的眼睛，去接收（看见）万物发射或反射的可见光波，再把它记录在底片上（让底片感光）。在数码相机中，则是转变成电信号，记录在存储卡上。摄像机也一样，由摄像头接收景物传来的可见光波，再把它转变成电信号，记录在磁带、存储卡、光盘、硬盘、U 盘等存储设备上。

讲到这里，你可能会问："难道只能利用这窄窄的一段可见光来照相吗？"

当然不是。其实，有一种相机想来你也早已见过，那就是医院里用的 X 光机。只不过它的照片就有点吓人了：只见骨头不见肉！

总之，根据前面那个道理，整个电磁波谱都可以做出"相机"。只不过，道理相似，结果不同。各波段图像有各波段的特点。

例如，大家常见的可见光相片和 X 光片大不一样。

又如，红外相机就是另外一种。它利用物体的红外辐射来感测目标。因此，即使在漆黑的夜晚，也可拍照。不过，它用的又是对红外线敏感的胶片（当然也可转变成电信号，用存储器件记录下来，或用显示器显示出来）。由于拍得的图像反映的是热辐射，故又称为"热像图"。如果有机会，你可以去照一张，那时你会发现：自己面目全非了！

从这个角度来看，雷达也是一部特殊的"相机"，你也可以给它取个名字叫"微波照相机"。

那么，你可能会问："我家那个相机，我可不可以叫它'可见光雷达'呢？"

"不行！"

"为什么呢？"

这个问题回答起来比较麻烦一点，简单说来，那就是，你那里利用的是"复色光"，而不是"单色光"。要做成光雷达，得用激光光源才行。下面还是书归正传谈我们的遥感器问题。

通过前面讨论之后，现在我们可以归纳一下，遥感器的基本原理就是：透过大气天窗感测地物辐射的和反射的电磁波。

其种类可按不同的方式分类：

如果按所用波段分，可包含电磁波谱各波段，但用得最多的则是可见光、红外和微波波段；

如果按本身是否发射信号，则分为有源（或称"主动式"）和无源（或称"被动式"）两种；

如果按记录的形式，则分为成像式和不成像式，成像式（也就是平常叫的"相机"）还可以分为摄影成像、扫描成像等类型。

总之，随着科技的发展，遥感器会不断推陈出新，以满足人们越来越高的要求。下面举例介绍一些。

画幅式相机：就是快门开闭一次，拍一张照片，即照一副（或称一景）画面。这与人们日常用的相机工作方式相似，但会复杂、精确许多。

扫描仪：它是像看书一样，以垂直于飞行方向（横向）一行一行地扫视地面景物，所得影像可以记录在胶片上，也可以直接变换成数字信号传给地面。

多光谱相机和多光谱扫描仪：这里关键是要介绍一下"多光谱"这个词。以相机为例，其原理是给相机镜头"载"上不同波段的滤光镜，对同一目标进行拍照，这样就可得到几张不同波段上的窄波谱图像。由于不同的地物有不同的波谱特性，在某个波段照片"看"不清楚的情况，在另一波段的照片上可能就一目了然，或者几张比较一下就更能分清了。还可以把几张不同波段照的同一景物照片用电脑合成。比如，拍摄同一景物，第一张照片用蓝色滤光镜，第二张用红色滤光镜，第三张用绿色滤光镜，第四张用黄色滤光镜。如果用红、绿、蓝三色照片合成，就可得到一张彩色照片，这种彩色照片，学者们称为"真彩色照片"。为什么呢？因为这就是日常我们眼睛所看见的彩色，所以说它

"真"，也因此学者们又把红、绿、蓝称为真彩色的"三原色"。如果用红、黄、蓝或其他组合，也会得到一种"彩色"照片，但是由于不是三原色合成，这种"彩色"反映的并不是目标的真正色彩，故又有"假彩色照片"之称。这四波段摄影可以合成出四张真、假彩色照片，再加上原有的四张单色片，地面景物也就无处遁形了。

辐射计：又分为红外辐射计和微波辐射计。它们的工作原理相同，都是通过探测地物在该辐射计工作的波段的热辐射来达到遥感的目的。只是由于分处于不同波段，红外辐射计是用光学器件如光电管、电荷耦合器件（CCD）或热电偶等来做探测元件，而微波则是用天线来做探测元件。内容不同，原理一致，也都有成像和不成像两类。不成像的就叫辐射计（或加上分光系统做成波谱仪）；而成像的就是在辐射计的基础上加上扫描装置，经过对信号的处理最终显示出图像来。在红外波段就是红外图像，或称热像，这样的仪器又称为"热像仪"；在微波波段，则是以灰度或色彩表示的微波图像，这样的仪器又可称为"无源雷达"或"被动式雷达"。

成像光谱仪：工作于可见光和红外波段，是 20 世纪末才发展出的一种遥感新产品。它的应用使成像光谱学得以发展。它本质上就是把前面介绍的两类仪器的本领集于一身，就像它的名字那样，对目标既采图像、又测光谱，可谓"文武双全"。

这时，你可能会说："两类仪器都已经有了，把一台成像的仪器和另一台多光谱仪同时装上卫星，甚至放到一个机箱里，不就得了，有什么'新'可言？"

问得好！这种仪器"新"就新在它不是前两类的简单相加，而是一个质的飞跃。

说来话长，在此我们简单地归纳成两个字："高"和"多"。

"高"，是指光谱分辨率高。所谓"光谱分辨率"就是遥感器在接收地物辐射或反射的波谱时，能分辨的最小波长间隔。间隔越小，分辨率就越高。这样就能更细致地"诊断"出那些最能代表地物的特征光谱，从而更准确地掌握地物的情况。而成像光谱仪比普通的光谱遥感器的光谱分辨率要高出 1~2 个数量级。一般多光谱遥感器大约在几百纳米的量级，成像光谱仪是在几十纳米或几纳米的量级。通常，人们把光谱分辨率在 10~100 纳米范围的遥感器称为"高光谱遥感器"；把光谱分辨率在 1~10 纳米范围的遥感器称为"超光谱遥感器"。不难想象，为达到"高""超"，得费多少心血。

"多"，是指成像波段多。普通的多光谱遥感器不过几个波段，而成像光谱仪却有几十乃至几百个波段。成像波段多的优点也是十分明显的，如果总波段宽度一致，分波段多，则说明每个波段就窄，也就是说对地物的波谱特性"抓得很细"；反过来看另一方面，如果分波段宽度一定，波段数多，总的波段就宽，也就是说对地物的波谱特性"抓得很全"。不难想象，为达到"细""全"，又得费多少心血。

有了高、超、细、全的本领之后，从大的角度来说，这种仪器"捕捉"的是整个视场和整个空间的数据；从小的角度来说，它又可获取物体表面每一个像素的光谱信息。这样说你可能觉得比较抽象，那就听专家形象解释一下吧，中国发射的环境与灾害监测预报小卫星上所用的超光谱成像仪的主任设计师相里斌博士形象地说："一桶水里放了许多种颜色的墨水，搅拌之后，用普通相机拍，我们看到的就是一桶混合的液体；使用成像光谱仪拍，就可以将水中所有的色谱全部提取出来，单独成像。如此，它在土地资源考察、植被分类、矿物勘测、农作物病虫害检测等方面的功能也都好理解了。"

这样好的仪器，如今已经不仅仅是用于遥感了。例如，应用成像光谱技术复制出目标物体的颜色，已成为颜色科学领域的研究热点；又如，用成像光谱仪进行大批量产品的快速检测和质量监控；再如，把它装在显微镜上，去探测细胞光谱，等等。总之，更高的性能、更广泛的应用、更深入的理论都还在探索之中。

微波雷达：这也是遥感器的一个前沿课题。与光学遥感器相比，微波遥感器最突出的优点有两个。

其一就是它的穿云破雾能力强，是个全天候遥感器；

其二是微波还有一定的地物穿透能力，它可以透过植被、土壤和冰雪，获

笔记栏

得一定深度下面的信息。

卫星遥感中常用两种类型。

一种称为"真实孔径侧视雷达"（RAR）。所谓"孔径"就是雷达天线的尺寸。"侧视"就是指雷达是通过侧视成像。连起来说就是，雷达利用它所装的天线发射微波信号，这个微波信号辐射的波束是由天线的真实孔径尺寸决定（不是由电的方法合成的，"真实"之名即由此而来）；波束投射的方向垂直于航行方向，但不是投射向正下方，而是斜着投射向一侧下方（故称"侧视"），形成一条宽度为波束照到地面的宽度，长度沿着航线的窄长辐照地带。

为什么要侧视呢？因为这样可以在沿着航线进行纵向扫描的同时完成横向扫描。情况是这样的：由于是侧视，电磁波到达地面时，横的方向就会有先有后（波束中靠内的部分走的路程短，时间就短，越偏外侧的波束走的路程越长，时间也越长），地物散射波回到天线的时刻也就有早有迟，于是就实现了横向扫描。这样同时就完成了纵、横向的二维扫描，天线收到回波信号后经过雷达接收机处理记录下来或传回地面。这种雷达由于用的是真实孔径天线，而天线的孔径又不能太大，因而空间分辨率较低（所谓"空间分辨率"是指清晰区分两个地物的最小距离，即能"看清"的地物最小尺寸）。所以，一般不适合卫星，而多用于飞机。

在卫星上用的是另一种，称为"合成孔径侧视雷达"（SAR）。它与前一种同样都是侧视雷达，区别就在于这"合成"两字。意思是：利用雷达与地物的相对运动，把尺寸较小的真实孔径的天线，在通过一定的信号数据处理后，合成一个虚拟的天线，而这个虚拟天线的孔径等效于一个很长的真实天线的孔径。也就是说，这个天线的孔径，不是真实的，而是人工合成的，但效果上等效于真实的。这就是它的困难之处，也是它的创新之处，这样雷达的分辨率就高了。说微波雷达遥感器是个前沿课题，也就是指它而言。

遥感器的基本类型就介绍到此。下面谈谈它们如何装在各种平台上为人类立功。

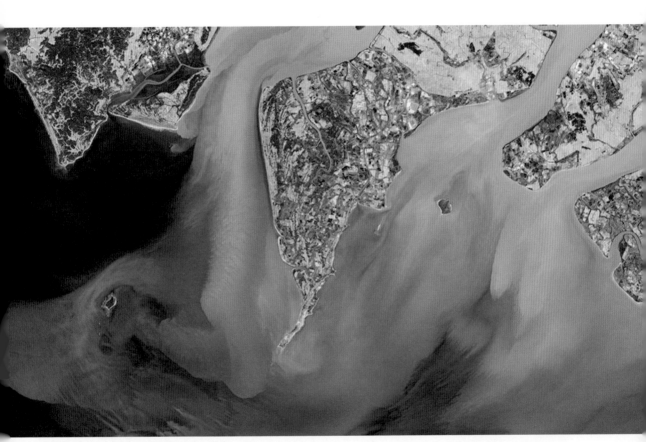

"吉林一号"卫星拍摄的缅甸勃生河入海口（2020 年 2 月）。自 2013 年以来，中国高精度遥感卫星的分辨率始终在不断提升

形形色色的运载平台

　　遥感器一般需要装到某种运载工具上去完成遥感任务，这些运载工具就统称为"遥感平台"。它们可以是最简单的三脚架，也可以是极其复杂的航天器，大致说来有如下几种。

　　地面（包括海上）平台。例如三脚架、遥感塔、遥感车、遥感船等。它们一般用于不太遥远的监测。比如，对地物进行波谱测量或辐射监控。

　　航空平台。例如气球，从可升空几十米的一般气球，到能漂到几千米、几十千米的高空气球，它们通常用作大气遥感及物探或小范围环境遥感，早期也用作军事侦察。航空平台中用得最频繁的还是飞机，从几千米低空到两三万米的高空，从有人驾驶到无人驾驶，从军用到民用或军民两用，用作测绘、环境遥感、军事侦察以及专题任务等。

　　航天平台。有固定的航天平台，例如美国的"天空实验室"，苏联的"礼炮"号，欧洲航天局的"空间实验室"以及如今尚在太空的"国际空间站"和中国的"天宫"号空间站。也有往返于地球和太空之间的，例如美国的航天飞机，俄罗斯的"联盟"号太空船和中国的"神舟"飞船系列。但用得最多、最频繁的还是各种遥感卫星（也是我们介绍的重点）。因为以上两种往往还有其他的主要任务，遥感常常只是它们的次要工作，而遥感卫星却是专门去执行遥感任务。

　　遥感卫星可按不同方式分类，概述如下。

　　若按轨道高度分，有三种类型：

低轨道卫星。一般高度为 150~400 千米。这种卫星由于轨道低，地心引力大，又在大气比较密的区域，摩擦也大，一般寿命不长，在几天到几周之间，大多用于军事侦察，以获得大比例尺和高分辨率的地面图像为主要目的。

中轨道卫星。一般高度为 700~1100 千米。民用的遥感卫星绝大多数都在这个高度上，也有海洋监视卫星这样的军用卫星。

高轨道卫星。例如，静止轨道（与地球同步）卫星。轨道高度为 35860 千米，定点气象卫星常在此轨道。我们前面说过，常用的通信广播卫星也是在这种静止轨道上。

按工作类型分类：

陆地卫星。主要用于探测地球资源、监视地物状态和环境，因此也叫地球资源卫星或环境卫星。这类卫星通常采用近极地、近圆形太阳同步轨道，例如美国的"陆地卫星"系列，法国的"斯波特"系列和中国与巴西合作的"中巴地球资源卫星"系列。

气象卫星。主要用于探测和监视大气、陆地和海洋的气象状况。这类卫星根据分工不同常用两种轨道：一种是近极地太阳同步轨道，例如美国的"泰罗斯"系列、"诺阿"系列和"雨云"系列，中国的"风云 1 号"系列；另一种是地球同步轨道（静止轨道），例如美国的"SMS/GOES"系列，日本的"葵花"系列以及中国的"风云 2 号"系列。

海洋卫星。主要用于探测海面状况，监视海洋动态。这类卫星通常采用近极地太阳同步轨道，例如美国的"海星"，日本的"桃花"，欧洲航天局的"ERS"，加拿大的"雷达卫星"和中国的"海洋卫星"系列。

专题卫星。除上述卫星外，各国还发射一些专门针对某些遥感目的的卫星，例如绘制地图用的美国"地球之眼"卫星以及中国的多颗"实践"系列卫星等。

下面来介绍一个卫星平台的例子，以便对遥感的应用有较清楚的了解。

客观地讲，人类使用卫星作为遥感平台的历史应该从军事侦察卫星算起。尽管那些活动保密严格，尽管当初人们也没有叫出"遥感"这个名称，但是，初期的侦察卫星就是用精密相机对地物进行摄影以获取军事情报的照相侦察卫星。为了取回胶片，美国人还专门演练了一种空中特技：胶卷回收舱空中打捞技术。最早的照相侦察卫星是美国的"发现者"卫星系列。第一颗"发现者"1号是1959年2月28日发射的。后来，军事侦察卫星又发展了许多品种，例如电子侦察卫星、海洋监视卫星、导弹预警卫星、核爆炸探测卫星、军用气象卫星、军用测地卫星等。而民用（或者说军民两用）探测卫星也在此基础上发展起来。

真正把"遥感"这个词叫响、让"遥感"这门学科兴起、把"遥感"作为一个国民经济的重要部门在各国推广开来的功劳，还是应该算在前面提到过的"陆地卫星"1号身上。是它拍摄的卫星照片在全世界流传，使各国学术团体和政府部门看到了许多悬案解决的曙光，看到了一个广阔的应用前景，从而在全世界掀起了发展卫星遥感的热潮。

从1972年7月23日发射"陆地卫星"1号（最初叫"地球资源技术卫星"）算起，美国的陆地卫星系列历经了三代发展。

第一代是20世纪70年代发射的"陆地卫星"1号、2号和3号。星上装有返束光导管电视摄像机和多光谱扫描仪。"陆地卫星"3号还多带两个仪器：一个是远红外谱段多光谱扫描仪，另一个是经改进的返束光导管摄像机。

第二代是20世纪80年代发射的"陆地卫星"4号、5号，它们的多光谱扫描仪波段增加到七个，性能也有所改进。美国人给这种第二代多光谱扫描仪取了一个新名"主题绘图仪"，因为它的地面分辨力已达到30米，这个精度已经可以直接作图了。

第三代是20世纪90年代发射的"陆地卫星"6号、7号。这是该系列卫星的最后也是最好的一代。本来按当初计划，该系列共6个卫星，到6号为止。可惜事与愿违，1993年"陆地卫星"6号发射失败，所以，又过了6年，才于1999年把"陆地卫星"7号送上了天。它的遥感器名叫"加强型主题绘图仪"。顾名思义，它比4号、5号的遥感器"加强"了。主要表现在两处：一是增加了一个全色波段，而且分辨率是15米；另一是远红外波段的分辨率提高了一倍，从 120 米提高到 60 米。全球各国民用遥感，几乎都是从应用"陆地卫星"的遥感数据开始进入遥感领域，而后有的继续应用，有的又发射自己的遥感卫星。中国也不例外。

中国的民用遥感在初期"扫盲"阶段，美国的"陆地卫星"图片还是帮了不少忙的。1979 年签订的中美《科学技术合作协定》就涉及美国帮助中国建遥感卫星地面站的内容。1986 年 12 月中国科学院"中国遥感卫星地面站"在北京建成并正式运用。从接收和处理美国第一代"陆地卫星"数据开始，陆续发展到接收处理多国多颗卫星的数据，例如美国的"陆地卫星"5 号、7 号，法国的"斯波特"4 号，加拿大的"雷达卫星"1 号，日本的"地球资源卫星"1 号，欧洲航天局的"地球资源卫星"1 号、2 号和"ENVISAT 卫星"，中国、巴西合作的"中巴地球资源卫星"等，是国际上接收与处理民用遥感卫星数据最多的地面站之一。

中国的遥感卫星，虽然起步较晚，但却在自主创新的道路上奋起直追，进步神速，特别是近十几年来，更是逐渐从"跟跑"向"领跑"过渡，许多项目已经达到国际先进水平。目前已经建立起比较完整和先进的"对地观测卫星体系"，它主要包括四个系列：资源卫星系列、气象卫星系列、海洋卫星系列和环境与灾害监测小卫星群。